MÉMOIRE

SUR LES

PRODUCTIONS MINÉRALES

DE LA

CONFÉDÉRATION ARGENTINE

PAR

Le Colonel d'artillerie, Aide de camp du Gouvernement national,

ALFRED-M. DU GRATY,

DIRECTEUR-FONDATEUR DU MUSÉE ARGENTIN.

PARIS. — MAI 1855.

MÉMOIRE

PRODUCTIONS MINÉRALES

CONFÉDÉRATION ARGENTINE.

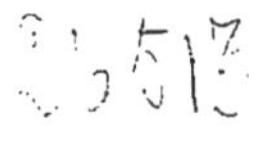

Bruxelles. — Imprimerie de A. LACROIX ET Cⁱᵉ, 36, rue de la Fourche.

MÉMOIRE

SUR LES

PRODUCTIONS MINÉRALES

DE LA

CONFÉDÉRATION ARGENTINE

PAR

Le Colonel d'artillerie, Aide de camp du Gouvernement national,

ALFRED-M. DU GRATY,

DIRECTEUR-FONDATEUR DU MUSÉE ARGENTIN.

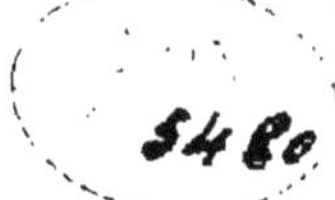

PARIS. — MAI 1855.

A

SA MAJESTÉ IMPÉRIALE NAPOLÉON III,

EMPEREUR DES FRANÇAIS.

Hommage de respect.

PARANA,
CAPITALE PROVISOIRE DE LA CONFÉDÉRATION
ARGENTINE.

—

Février 1855.

1.

La Confédération argentine est peu ou mal connue en Europe. L'égoïsme du régime colonial espagnol depuis sa conquête, les guerres civiles depuis son indépendance avaient eu pour résultat de convertir ce riche et vaste territoire en régions aussi inaccessibles que la Chine. Rosas contribua puissamment à perpétuer cet isolement, et sans la chute de la tyrannie, en peu d'années cette contrée aurait probablement repris l'aspect qu'elle avait à l'époque de sa découverte.

L'immortelle victoire de Monte-Caseros ouvrit cette partie de l'Amérique du Sud au commerce, à l'industrie et à l'immigration ; elle restitua au monde entier ce vaste territoire.

Ces immenses plaines et ces hautes montagnes, baignées par un nombre incalculable de fleuves et de rivières, sont presque vierges du pied humain, leurs grandes richesses ont à peine été explorées ; tandis que leur exploitation doit offrir d'irrésistibles attraits aux capitalistes, aux spéculateurs, aux industriels et travailleurs des deux mondes, car la jouissance de ces richesses ne leur sera pas disputée par des hordes de sauvages comme elle le fut aux premiers conquérants ; bien au contraire, ils rencontreront la protection d'une constitution libérale et d'un gouvernement éclairé, qui encourage le progrès, quelle que soit son origine, et qui a compris, dès sa création, que la prospérité du pays doit être basée sur le développement du commerce et de l'industrie avec l'aide de l'immigration européenne.

Le gouvernement fédéral a adopté ce grand principe pour guide de sa politique, dès le jour de son installation ; tous ses efforts ont tendu vers ce but, ses actes en offrent des preuves irrécusables.

Faire connaître à l'extérieur la Confédération, et les avantages qu'elle offre généreusement à tous, a été l'objet des soins constants du gouvernement argentin, et il a saisi avec empressement toutes les occasions favorables qui lui étaient offertes.

Invité il y a quelques mois, par le gouvernement français, à prendre part à l'exposition universelle de Paris en 1855, quoique l'organisation du pays réclamât toute son attention et que les récentes guerres civiles rendissent difficile, sinon impossible, le concours des produits nationaux à cette exposition, il signa le décret du 10 août 1854 nommant le directeur du musée en remplacement du comité spécial indiqué dans l'art. 5 du règlement général de l'exposition, et adressa en même temps une circulaire aux gouvernements provinciaux, invitant à faire concourir les produits de leurs provinces respectives à l'exposition de 1855. Il les engagea à limiter ce concours aux produits bruts des règnes minéral et végétal, parce qu'il jugea qu'ils présentaient plus d'intérêt que les produits de l'industrie argentine, à peine naissante et réduite à des moyens de fabrication très-imparfaits.

Le peu de temps compris entre la date du décret cité et l'époque de l'envoi des produits à Paris, relativement aux grandes distances qui séparent la capitale des provinces et du lieu d'exposition, devaient rendre presque inutiles les efforts du gouvernement argentin et de son délégué. Aussi la collection de minéraux envoyée à Paris, destinée, après la fermeture de l'exposition, aux musées de France, est-elle bien incomplète et ne montre-t-elle qu'une faible partie des nombreuses richesses métalliques du pays.

Afin de la compléter, s'il est possible, et de fournir en même temps quelques renseignements nouveaux sur ces contrées, il était nécessaire de faire connaître avec exactitude leurs productions minérales, la facilité de leur exploitation et les avantages qu'elle offre; ce Mémoire a été écrit à la hâte dans ce but : puisse-t-il, d'un autre côté, attirer l'attention du surcroît de la population européenne sur ces régions rivales de la Californie et de l'Australie par leurs mines d'argent et d'or, rivales de l'Europe par l'excellence de leur climat et la variété des productions de tout genre dans les règnes animal et végétal!

MÉMOIRE

SUR

LES PRODUCTIONS MINÉRALES

DE LA

CONFÉDÉRATION ARGENTINE.

CONSIDÉRATIONS GÉOGRAPHIQUES. — ORGANISATION POLITIQUE DE LA CONFÉDÉRATION. — LIBRE NAVIGATION DES FLEUVES INTÉRIEURS. — VOIES DE COMMUNICATION. — COLONIES.

I

Le territoire argentin comprend toute l'étendue de l'Amérique du Sud située entre le Brésil, la Bolivie, les Andes et la mer, à l'exception du Paraguay et de la république orientale de l'Uruguay.

Faisant abstraction de la Patagonie, il s'étend entre les 59° et 74° de longitude occidentale, et les 22° et 41° de latitude australe. Il a 470 lieues (de 20 au degré) du nord au sud et 328 de l'est à l'ouest dans sa plus grande largeur. Sa superficie est d'environ 80,000 lieues carrées, et sa population est d'un peu plus d'un million d'habitants. Ses limites sont : au nord, la Bolivie, le Chaco, le Paraguay et le Brésil ; à l'est, le Brésil , la république de l'Uruguay et l'océan Atlantique ; au sud, le Rio-Negro, qui le sépare de la Patagonie, et à l'ouest la chaîne des Andes qui le sépare du Chili et de l'Atacama bolivien. L'étendue du territoire argentin, en y annexant la Patagonie, s'augmente de 300 lieues de longueur, et il atteint alors jusqu'au 54e degré de latitude sud.

La Confédération argentine possède le plus large fleuve du monde, la Plata, formé de deux énormes fleuves, le Parana et l'Uruguay, qui courent du nord au sud, arrosant le Brésil, le Paraguay, la république orientale de l'Uruguay et la Confédération argentine. Le Parana compte près de 900 lieues de longueur et prend sa source dans la province brésilienne de Minas-Geraes ; il est navigable sur une étendue de plus de 400 lieues, jusqu'à l'embouchure de l'Iguazu, pour les navires qui calent moins de dix pieds d'eau. Le fleuve Uruguay prend sa source dans le Brésil, province de Santa-Catalina ; il est navigable dès son embouchure jusqu'au Salto, environ 70 lieues de longueur, pour les bâtiments d'un tonnage ordinaire. Après la chute qui en interrompt la navigation à cet endroit, il redevient capable de porter des embarcations d'un tirant de 6 à 8 pieds jusque dans l'intérieur du Brésil.

L'aspect du pays est extrêmement varié, car il offre tout à la fois de hautes montagnes et de vastes plaines ; les provinces voisines des Andes sont très-accidentées, et à mesure que l'on se rapproche des fleuves et de l'Océan, le pays devient uni comme une mer.

Le climat est très-sain et la température très-variée, en raison tant de la latitude que de la position des différents points au-dessus du niveau de la mer. Dans le nord, on jouit de tous les climats, depuis celui de la zone tropicale, comme dans les provinces de Jujuy et Salta, jusqu'à celui des régions polaires à mesure que l'on s'élève au sommet de la Cordillère des Andes ou de ses contre-forts.

Le territoire argentin offre d'immenses variétés dans les productions des trois règnes. Sa grande étendue en latitude et la variété de son climat permettent la culture de tous les végétaux et l'acclimatation de toutes les espèces animales.

L'industrie et le commerce des provinces argentines varient suivant leur position topographique et géographique. Les provinces riveraines sont essentiellement occupées de l'élève des bestiaux, branche importante du commerce d'exportation; Santa-Fé, Corrientes et Entre-Rios exportent chaque année pour des sommes immenses de cuirs, laines, suif, graisse, crins et viande salée. Les provinces de l'intérieur, tout en s'occupant de l'élève des bestiaux dont les marchés sont le Chili, la Bolivie et le haut Pérou, se livrent à l'agriculture et à la fabrication d'étoffes, à la production du vin, du sucre, de l'eau-de-vie, des fruits secs, etc., etc.; de même que la plupart d'entre elles trouvent dans l'exploitation des mines une branche d'industrie importante et lucrative, quoique jusqu'aujourd'hui cette exploitation n'ait pas atteint la millième partie de l'importance qu'elle est destinée à acquérir en peu d'années, tant par la richesse des mines que par la facilité de leur exploitation.

Les grands fleuves et les plaines de la Confédération renrent faciles les communications et permettent le transport de ses produits d'un point à un autre de son territoire en facilitant son commerce intérieur et extérieur.

II

Le vaste territoire argentin se divise en quatorze provinces, formant actuellement et provisoirement deux États, la Confédération argentine et l'État de Buenos-Ayres (1).

Les provinces argentines peuvent se diviser en quatre groupes :

LES PROVINCES LITTORALES.	Buenos-Ayres. Entre-Rios. Corrientes. Santa-Fé.
LES PROVINCES ANDINES.	Mendoza. San-Juan. Catamarca. La Rioja.
LES PROVINCES CENTRALES.	Cordova. San-Luis. Santiago. Tucuman.
ET LES PROVINCES DU NORD.	Jujuy. Salta.

Ces provinces, à l'exception de celle de Buenos-Ayres,

(1) Le traité de paix conclu entre la Confédération et Buenos-Ayres le 20 décembre 1854, et le traité de commerce signé par ces mêmes États en janvier 1855, font prévoir et espérer que bientôt la nation argentine formera un seul et même État.

ont enfin, après quarante ans de guerres civiles, adopté une constitution et reconnu un gouvernement national, institutions dues au triomphe de Monte-Caseros en 1852 et au Congrès constituant de Santa-Fé de la même année.

Les provinces argentines triomphantes dans les luttes de l'indépendance, sans idées propres de gouvernement, cherchèrent à rompre avec un passé de routine et d'ignorance, et à guider leur politique sur celle de l'Europe. Les partis politiques naquirent bientôt, et il en résulta une lutte acharnée entre ces partis, lutte dont l'objet ou le prétexte était la forme de gouvernement à adopter.

Le gouvernement colonial espagnol était central ou unitaire et résidait dans la personne du vice-roi ; la révolution de 1810 amena la création d'une commission gouvernementale composée de neuf personnes nommées par le peuple ; cette autorité fut entièrement locale ou provinciale, le système de centralisation de pouvoir ou d'autorité se réforma entièrement.

Pourtant, le système unitaire était impraticable en son entier, ainsi que le prouvèrent les constitutions de 1819 et de 1826, qui établissaient la centralisation du pouvoir. Elles tombèrent parce qu'elles contrariaient des intérêts locaux et qu'elles avaient compté sur des éléments qui n'existaient pas dans la république.

L'immensité du territoire et le petit nombre relatif d'habitants empêchaient la création d'un gouvernement central complet.

Le régime fédéral, dans son sens littéral, considéré comme alliance de pouvoirs égaux et indépendants, n'était pas plus praticable que le système unitaire, et il eût amené tôt ou tard la dissolution de la nation argentine, qui depuis 1810

avait perdu trois provinces des plus importantes, le Paraguay, la république orientale de l'Uruguay et Tarija, qui
faisaient partie de la vice-royauté de la Plata durant la
domination espagnole.

Les Argentins, qui avaient conservé les traditions du système colonial, voyaient toujours quelque chose de plus
qu'une simple alliance fédérative entre les provinces argentines. A la grandeur et à la force de la république argentine
est attachée une idée d'union d'autre nature que celle qui
résulterait d'une alliance purement fédérative.

Concilier les intérêts communs, réunir les partis politiques, devait être l'objet du Congrès constituant de 1852;
dans ce but, il créa un système de gouvernement fédératif
mixte, qui répondait aux nécessités actuelles et qui était basé
sur des faits antérieurs acquis à l'histoire politique et parle-
mentaire de la république. —La convention de San-Nicolas
avait déterminé les bases de l'organisation de la république
sous le système de fédération mixte.

Le Congrès constituant de Santa-Fé possédait pour éléments de ses travaux constitutifs les traditions du régime
colonial que l'indépendance n'avait pas détruites, le traité
du 4 janvier 1851 entre les provinces littorales, la convention de San-Nicolas, le traité avec l'Angleterre du 2 février 1825, et son objet devait être l'agrandissement moral
et physique de la Confédération.

Cet élément consistait principalement dans l'exploitation de ses richesses naturelles qui devaient offrir à l'émigration étrangère de puissants motifs d'attraction et dont le
résultat immédiat était de peupler la république, jusqu'a-
lors à peu près déserte et solitaire.

Le Congrès constituant comprit toute l'importance qu'il

y avait à encourager l'émigration étrangère à se diriger vers
ces régions, et l'utilité de la protéger efficacement; il comprit que non-seulement il en résulterait des avantages maté-
riels, mais encore que cette émigration faciliterait et ren-
drait possible le système de gouvernement républicain
représentatif, aujourd'hui difficile, sinon impossible, avec
les éléments qui existent.

La constitution de mai consacra donc dans ce but :

La liberté en matière de religion,

La liberté du travail et de l'industrie,

L'inviolabilité des personnes et de la propriété.

Elle facilita l'obtention de la naturalisation sans y forcer;
accorda aux étrangers les mêmes droits civils qu'aux nationaux et les admit aux emplois publics.

Les concessions faites aux étrangers de toutes les nations
du monde, sans exiger de réciprocité, étaient la consécra-
tion d'un principe de haute politique américaine, politique
dont le but doit être l'accroissement de sa population par
l'immigration étrangère.

Le Congrès constituant, se basant sur les éléments qui for-
maient le droit public argentin, sanctionna une constitution (A) analogue à celle des États-Unis et organisa un
gouvernement général ou central, tout en laissant subsister
la souveraineté et l'indépendance intérieure des provinces,
donnant au gouvernement national une intervention salu-
taire dans les affaires provinciales.

La création d'un gouvernement national n'était possible
qu'à la condition que les provinces lui céderaient une partie
de leur pouvoir ou autorité; sans cette condition indispensable, un gouvernement national qui réglât et consolidât
l'ordre politique intérieur et réunît les intérêts généraux

2.

de la nation était impossible. Les provinces, en cédant une partie de leur autorité, ne font que la déléguer au gouvernement national, car ce gouvernement est élu par ces mêmes provinces ; ce sont elles qui nomment les dépositaires de l'autorité qu'elles délèguent.

La constitution de mai représente à la fois le pays comme une seule nation et comme une réunion de provinces indépendantes et souveraines. La Confédération, aux yeux des étrangers, en matière politique ou commerciale, représente une seule nation et doit être considérée comme telle ; les provinces conservent leur souveraineté intérieure non déléguée au gouvernement national ; elles conservent le pouvoir de nommer leurs autorités, de se donner une constitution provinciale en harmonie avec celle de la Confédération, de fixer leurs impôts et leurs dépenses, etc., etc.

La délinéation des attributions du gouvernement national et de celles des gouvernements provinciaux était un objet de grande importance pour éviter les conflits ; le Congrès s'est efforcé d'établir et de définir les attributions de chacune de ces autorités.

L'autorité du gouvernement national porte principalement sur les affaires extérieures, les traités avec les nations étrangères, les douanes, le commerce étranger, les affaires de paix et de guerre ; dans l'intérieur de la Confédération, elle se réduit au commerce intérieur et à ce qui en dépend, et au maintien de la sûreté intérieure, comprenant l'imposition et la perception des contributions, l'organisation de l'armée, etc., etc.

La nécessité de rendre la législation uniforme et d'éviter une véritable anarchie dans cette même législation, ce qui fût infailliblement arrivé sans l'adoption d'une loi commune à toutes les provinces, a fait donner au gouvernement national le droit de dicter les lois en matière civile, pénale et commerciale.

Les citoyens d'une province sont considérés comme Argentins dans toutes les autres, afin d'éviter un contre-sens ; le droit de conférer la naturalisation devait appartenir à l'autorité nationale.

Les moyens d'action et de gouvernement étaient intimement liés aux moyens de communications sûres et promptes ; la direction des courriers et postes incombait au gouvernement national, afin d'éviter les entraves qui pourraient provenir de la division entre provinces, ou de la négligence qu'apporteraient quelques-unes d'entre elles dans cet important service.

La concession de priviléges, éléments d'émulation puissants pour la prospérité du pays, n'aurait aucune importance si ces concessions se limitaient à une seule province, ou s'il était permis à une province d'empêcher par son opposition la réalisation d'entreprises utiles à toutes ; au gouvernement national devait donc appartenir la concession des priviléges de toute espèce.

La conclusion des traités de commerce incombe à l'autorité nationale ; à elle donc doit appartenir le droit de réglementer le commerce intérieur et extérieur, sous peine de rendre impossible la réalisation de ces traités ; l'uniformité des poids et mesures étant absolument nécessaire à la facilité des transactions dans toute la Confédération, au gouvernement national donc aussi revient le droit de dicter les lois et règlements sur cette matière.

Le maintien de l'ordre intérieur, l'exécution des dispositions contenues dans la constitution et celle des lois dictées par le Congrès national ; le droit de déclarer la guerre et de faire la paix, comme tout ce qui en dépend, l'organisation des armées, la collation des grades et emplois militaires, etc., etc., sont essentiellement du ressort de l'autorité nationale.

L'application et l'interprétation de la constitution et des lois ou décrets qui émanent de l'autorité fédérale exigent également des tribunaux spéciaux de caractère national.

Enfin la création d'un gouvernement national entraîne la création de ressources également nationales pour faire face aux dépenses, car une autorité nationale sans ressources ou sans rentes eût été une autorité de nom sans pouvoir et sans moyen d'action ; il fallait donc lui assigner un budget qui, par sa nature même, lui appartînt, avec la faculté de dicter les lois et règlements sur ces impôts.

La constitution de mai créa une autorité nationale forte et vigilante, divisée en pouvoirs dont les attributions bien déterminées rendent impossibles les abus et garantissent aux citoyens la jouissance des droits que la constitution leur assure.

Les trois pouvoirs créés par la constitution sont :

Le *pouvoir législatif,*

Le *pouvoir exécutif,*

Et le *pouvoir judiciaire.*

Ces trois grandes autorités composent le *gouvernement fédéral,* dont l'origine ou élection est basée sur le système fédéral mixte, c'est-à-dire qu'interviennent dans leur élection respective la souveraineté nationale et la souveraineté provinciale.

Le pouvoir législatif est divisé en deux chambres :

Le *sénat* et la *chambre des représentants.*

Le sénat représente la souveraineté et les intérêts provinciaux; son élection est dévolue aux représentations provinciales respectives.

La chambre des représentants représente la nation et est élue directement par le peuple.

La souveraineté provinciale étant égale pour chaque province, chacune d'elles nomme un nombre égal de sénateurs; les représentants sont en raison directe de la population des provinces.

Les conditions d'éligibilité sont basées sur l'état actuel de la Confédération; il fallait faciliter l'accès à la représentation nationale sans la nécessité indispensable d'être né Argentin.

Le pouvoir exécutif comprend le *président de la Confédération argentine*, remplacé en son absence par le *vice-président*, et cinq *ministres* responsables.

L'élection du président et du vice-président est dévolue à un conseil d'électeurs nommés par le peuple, comme étant l'expression indirecte, mais plus intelligente, du suffrage universel et comme moyen de préparer pour l'avenir les masses à l'exercice du suffrage universel direct.

Le pouvoir judiciaire fédéral est nommé de commun accord par le pouvoir législatif et le pouvoir exécutif, et constitue la *cour suprême de justice*.

La constitution argentine se borne à déclarer, relativement aux provinces, que nulle des attributions nationales déléguées par elle ne peut être exercée par le gouvernement d'une d'elles, et que tout ce qui n'est pas de caractère national appartient aux gouvernements provinciaux, qui voteront leur constitution respective en harmonie avec celle de la Confédération.

Si les attributions du gouvernement fédéral sont limitées

et ses pouvoirs déterminés, ceux des gouvernements provinciaux sont illimités sur tous les points qui ne sont pas de compétence nationale.

L'autorité du gouvernement fédéral se limite aux intérêts communs à toutes les provinces; les gouvernements provinciaux conservent leur autorité sur toutes les affaires locales de leur province respective, et dans quelques cas ils conservent le pouvoir de dicter des lois et règlements en commun ou d'accord avec le gouvernement fédéral, bien que les matières soient de compétence nationale, ainsi en matière de contributions directes, de milice, d'industrie, etc., etc.

Le Congrès constituant avait voté et décrété la constitution sans la coopération de la province de Buenos-Ayres. A peine le Congrès était-il convoqué, que les événements de juin et ceux de septembre le mirent dans une position difficile. La chambre des représentants de Buenos-Ayres, par une loi du 21 septembre 1852, ordonna que les représentants qui avaient été envoyés au Congrès de Santa-Fé fussent rappelés, et que l'on considérât comme nulle et sans force pour la province de Buenos-Ayres la participation qu'ils auraient pu prendre aux travaux constitutifs du Congrès, puisque Buenos-Ayres s'était refusée à reconnaître l'autorité nationale provisoire créée par la convention de San-Nicolas, autorité contre laquelle elle s'était soulevée le 11 septembre de la même année.

Dans cette position, le Congrès résolut de ne pas attendre la participation de Buenos-Ayres, car tout retard apporté à l'organisation de la république pouvait faire disparaître à tout jamais les éléments constitutifs qui existaient à cette époque. La constitution fut donc votée sans la participation de Buenos-Ayres ; mais ce fut avec l'espoir que cette province y donnerait plus tard son adhésion ; le Congrès considérait comme impossible de démembrer la nation argentine.

L'article 3 de la constitution déclarait que Buenos-Ayres serait la capitale de la Confédération. La résidence des autorités nationales appartenait à Buenos-Ayres, qui avait été érigée en capitale de la vice-royauté de la Plata en 1776, et avait été la capitale de tous les gouvernements suivants, investis d'attributions nationales. A Buenos-Ayres revenait le rang de capitale de la nation pour ses antécédents, l'état de sa société, sa position géographique. Buenos-Ayres avait été désignée par la nature pour être la capitale de la Confédération ; ni les lois ni les décrets ne pouvaient changer un fait établi et consolidé par trois cents ans d'existence et d'expérience.

Mais si Buenos-Ayres devait être la capitale de la Confédétion, il n'en était pas moins vrai que par son influence et son pouvoir moral et physique elle était un objet constant de divisions et de résistance dû à l'esprit de localité ; l'expérience avait déjà prouvé les dangers qu'il y avait à déclarer capitale de la nation la plus forte de toutes les provinces : il fallait donc concilier les intérêts généraux et ceux de Buenos-Ayres, établir l'équilibre entre les pouvoirs et détruire sa prépondérance sur les provinces. A cet effet, le Congrès dicta la loi organique du 1er mai 1853 (*B*), comme annexe à l'article 3 de la constitution ; cette loi déterminait les bases et conditions de l'érection de Buenos-Ayres en capitale.

A cette loi fut jointe une déclaration du Congrès comprise implicitement dans son article 7 ; le Congrès ne voulut pas examiner s'il avait ou non le droit d'ordonner que la constitution fût mise à exécution dans la province de Buenos-

Ayres, il déclara seulement qu'elle serait obligatoire pour les treize provinces qui avaient été représentées au Congrès constituant, et qu'une commission prise dans son sein présenterait à l'examen et à l'approbation de Buenos-Ayres la constitution votée et la loi organique du 1er mai.

L'état de la province à cette époque rendit cette mission impossible et inutile. Plus tard Buenos-Ayres se donna une constitution provinciale qui détruisait tous les principes d'union qui existaient entre elle et la Confédération argentine. Le Congrès considéra donc que le cas prévu par l'article 8 de la loi organique était arrivé et vota la loi du 13 décembre 1853 (C) sur la capitale provisoire, avec la condition qu'elle serait revisée par le Congrès législatif. En vertu de cette loi, la capitale provisoire de la Confédération fut installée au Parana, capitale de la province d'Entre-Rios, et le territoire de cette province fut fédéralisé par décret du 24 mars 1854 (D).

III

Le général Urquiza, dès le commencement de la révolution de mai 1851, proclama le principe de la libre navigation des fleuves intérieurs de la Confédération. Les conventions conclues entre le Brésil, la république orientale de l'Uruguay et les provinces argentines d'Entre-Rios et Corrientes, en mai et novembre 1851, stipulaient le droit de libre navigation pour les puissances riveraines.

La libre navigation concédée aux puissances riveraines n'était qu'un préliminaire pour une concession plus large. Le 28 août 1852, le directeur provisoire de la Confédération décréta que la navigation serait libre pour les navires marchands de toutes les nations du monde, concession favorable aux intérêts nationaux en même temps qu'à ceux des étrangers, puisqu'elle ouvrait ces importantes voies de communication pour faciliter son commerce et l'exploitation de ses richesses intérieures.

La révolution de septembre, qui amena la séparation provisoire de Buenos-Ayres du reste de la Confédération, fut un obstacle à la mise à exécution du décret du 28 août dans ses dispositions réglementaires ; l'autorité nationale lança, le 5 octobre de la même année, un nouveau décret établissant le règlement de cette navigation.

Le Congrès constituant inscrivit aussi ce grand principe dans la constitution de mai (art. 26) : « La libre navigation des fleuves pour toutes les nations du monde devient un principe du droit public argentin. »

Cette concession assure le développement du commerce et l'action civilisatrice, nécessaires pour l'exploitation des richesses de la Confédération et l'accroissement de sa population par l'immigration étrangère, en même temps qu'elle détruit à tout jamais le système de monopole dont jouissait Buenos-Ayres au détriment des autres provinces, et qui causa tant de maux à la république.

Le directeur provisoire, conformément à l'article 27 de la constitution, signa avec la France, l'Angleterre et les États-Unis, des traités confirmant la libre navigation. De cette manière, la liberté des fleuves garantie par les trois plus grandes puissances du monde ne peut devenir illusoire, et il n'est pas à craindre que de nouvelles guerres civiles puissent priver la Confédération des immenses résultats qu'elle doit produire.

Ces traités d'une même teneur (*E*) furent signés le 10 juillet 1853, ratifiés le 12 du même mois par le directeur provisoire, approuvés le 14 novembre 1853 par le Congrès constituant, validés dans toutes leurs parties par le Congrès législatif par une loi du 5 décembre 1854, et les ratifications furent échangées dans les termes voulus.

La province de Buenos-Ayres avait vu, dans la conclusion de ces traités, la perte irrévocable et irréparable de l'espérance que plus tard de nouvelles guerres civiles ou un changement de l'ordre politique intérieur pourraient lui rendre le monopole du commerce de la Confédération et les clefs des fleuves ; aussi elle s'empressa de protester contre ces traités, mais ce fut en vain. Buenos-Ayres protestait contre des droits qu'elle avait usurpés jadis, et sa protestation ne fut pas même prise en considération.

Le Brésil, sans protester directement contre ces mêmes traités, n'en chercha pas moins à susciter à leur propos des difficultés au gouvernement argentin. Il usa, sans succès, de son influence pour que la république orientale de l'Uruguay protestât contre eux. Plus tard, il réclama auprès du gouvernement argentin et fit ses réserves. Le Brésil avait toujours ambitionné des avantages pour son pavillon dans la navigation des fleuves de la Confédération ; et, d'ailleurs, sa politique en fait de navigation intérieure était différente, ainsi que l'a prouvé sa conduite relativement à la navigation du fleuve des Amazones. Le Brésil réclama, invoquant les conventions des 29 mai et 21 novembre 1851, qui déclaraient libre la navigation des fleuves Parana et Uruguay pour les puissances riveraines. Il prétendit que les traités du 10 juillet paraissaient méconnaître le principe établi dans les conventions citées, et soumettaient cette libre navigation à des conditions qui les modifiaient.

Le Brésil était dans l'erreur ; car, bien loin de restreindre le principe de libre navigation, inscrit dans les conventions de mai et de novembre, les traités de juillet le garantissaient et lui donnaient une extension favorable au commerce en général, et en particulier à celui du Brésil, qui est celui qui a le plus de relations avec la Confédération.

Par la convention du 27 août 1828, la Confédération reconnut au Brésil, comme puissance riveraine, le droit de naviguer sur les fleuves Parana et Uruguay ; mais jusqu'à l'époque de la ligue de 1851 contre Rosas cette reconnaissance fut illusoire. Lors de cette ligue, les conventions de mai et de novembre mirent de nouveau le Brésil en possession de cette libre navigation ; mais cet empire ne pouvait considérer que ce fût un privilége exclusif pour lui et les riverains, et que la Confédération ne pourrait l'étendre à tous.

Le Brésil ne protesta point contre le décret du 28 août 1852, qui concédait la libre navigation à tous les pavillons marchands sans distinction de nation ; le Congrès sanctionna ce principe, et enfin les traités de juillet stipulent particulièrement ce droit pour les riverains et, en général, pour toutes les nations. Le Brésil est donc admis à la libre navigation aux mêmes conditions que celles fixées par les conventions de mai et de novembre, c'est-à-dire la soumission aux règlements de police sur cette navigation, et le gouvernement argentin l'a invité à se mettre d'accord avec lui pour établir en commun les règlements pour les parties de ces fleuves dont la propriété est commune aux deux nations.

Les traités de juillet ont pour but principal d'empêcher que l'île de Martin-Garcia, clef du Parana et de l'Uruguay, puisse jamais être un obstacle à la libre navigation de ces deux fleuves, et établissent un principe favorable aux neutres, en leur donnant des droits précieux pour le commerce et l'industrie.

Peu importe, en définitive, que le Brésil, en vertu des réserves faites en sa faveur de même qu'en faveur de tous les autres riverains, prenne part ou non aux traités de juillet, la lettre et l'esprit de ces traités ne peuvent être altérés.

IV

Le point le plus remarquable de la topographie du territoire argentin est l'immense superficie des plaines qu'il renferme dans ses limites, et dans lesquelles sont disséminées à
des distances lointaines les capitales des provinces. Salta est
située à 455 lieues de la Plata ; Mendoza, à 319 ; Corrientes,
à 261. — Ces chiffres prouvent à l'évidence la nécessité
impérieuse de faciliter les moyens de communication, d'établir des routes nouvelles et de protéger tous les systèmes
de locomotion, non-seulement dans l'intérêt du commerce
intérieur et extérieur, mais encore pour faciliter l'action du
gouvernement et encourager l'émigration étrangère à venir
peupler ces vastes et fertiles régions.

Le gouvernement argentin a compris que l'agrandissement moral de la Confédération est basé sur le commerce,
l'industrie et l'immigration, et qu'il fallait encourager ces
éléments de la prospérité nationale par tous les moyens possibles. Le plus important d'entre eux est la facilité des
communications de l'intérieur avec l'extérieur. Le grand
principe de la libre navigation des fleuves concédée au commerce du monde entier a mis les provinces du littoral en

communication directe avec tous les pavillons étrangers, et des ports des fleuves Parana et Uruguay doivent partir des réseaux de communications qui les mettent en contact avec les points les plus reculés du territoire, sinon la libre navigation serait illusoire et les immenses avantages qui doivent en résulter pour le commerce et la prospérité intérieure n'existeraient pas.

Après avoir concédé la libre navigation des fleuves, le gouvernement s'est empressé d'encourager cette même navigation en accordant de forts subsides aux compagnies de bateaux à vapeur qui se sont établies sur le Parana et l'Uruguay. Il a institué un système de postes et de diligences qui mettent en contact prompt et presque journalier les provinces littorales et celles des Andes, du Centre et du Nord. Mais des communications plus vastes et d'un intérêt plus grand réclamaient les soins du gouvernement national. Si l'on examine avec attention la carte géographique de l'Amérique du Sud en particulier et celle des deux hémisphères, on observera que s'il était possible de créer une route ou un chemin de fer qui relierait la Plata à Valparaiso, la Confédération argentine serait destinée à servir d'union entre l'océan Atlantique et le Pacifique. L'établissement d'un chemin de fer du Rosario à Mendoza est la partie la plus importante de cette nouvelle voie de communication, à laquelle viendraient se rattacher les ramifications qui conduiraient aux différentes provinces argentines.

Le gouvernement a donné déjà un commencement d'exécution à cette grande idée d'unir les deux Océans à travers son territoire. Il a décrété les dépenses nécessaires pour l'exécution des travaux de reconnaissance et du tracé de la ligne jusqu'à Cordova, et ces travaux sont commencés (*F*).

Le Rosario, qui doit être le point de départ du système général de communications intérieures et celui de la route du Pacifique, est situé sur le fleuve Parana, à 90 lieues de son embouchure. C'est un port magnifique qui admet des bâtiments calant 12 à 15 pieds d'eau. Ce port est, à peu de différence près, sur la même latitude que Mendoza et Valparaiso, point le plus important de la côte chilienne sous le rapport commercial.

La construction d'un chemin de fer qui unirait les deux Océans est possible; l'ingénieur Campbell, auteur des tracés des chemins de fer du Chili, en a fait l'étude par ordre du gouvernement argentin.

Le chemin de fer en construction entre Valparaiso et Santiago du Chili suit sur un trajet de quinze lieues la côte du Pacifique parallèlement à la rivière Aconcagua, et du point où il se sépare de cette rivière, on construira un embranchement parallèle à son cours jusqu'à Santa-Rosa des Andes.

Santa-Rosa est située à environ 2,500 pieds au-dessus du niveau de la mer et à trente lieues de Valparaiso. Le commerce entre Mendoza et le Chili se fait actuellement par cette ville. La vallée qu'arrose l'Aconcagua est fertile et cultivée; elle est ouverte jusqu'à quatre lieues au-dessus de Santa-Rosa; à cet endroit elle se rétrécit, la rivière devient plus tortueuse et son courant très-rapide. L'on pourrait construire le chemin de fer jusqu'à ce point et alors continuer par une bonne route ordinaire en suivant l'Aconcagua jusque près de sa source. La distance de Santa-Rosa au point culminant du passage des Andes serait d'environ vingt-quatre lieues marines. Arrivé au point nommé *pied de la montagne*, il faut monter à une élévation de 2,000 pieds dans un très-court espace de terrain ; il faudrait donc dans cet endroit faire des détours sur le versant en adoptant un maximum d'inclinaison. Il serait facile d'éviter cette montée en perçant la montagne à 1,000 pieds de sa base et en construisant un tunnel qui aurait au plus un mille de longueur. Ce tunnel aurait en outre l'avantage d'éviter une partie des difficultés qu'occasionnent les neiges pendant l'hiver.

Après avoir passé le sommet des Andes à deux mille pieds plus bas, l'on rencontre la vallée de la rivière *las Cuevas*, un des principaux tributaires de la rivière de Mendoza. Cette vallée offre une pente naturelle qui facilite la construction du chemin. La route ordinaire se terminerait dans cette vallée et serait continuée par le chemin de fer. L'étendue totale de la route ordinaire serait de 25 à 32 lieues. Le chemin de fer suivrait la vallée formée par la rivière de Mendoza et passerait par Uspallata ; d'Uspallata il traverserait les plaines de Lujan, de ce point jusqu'à Mendoza il s'établirait sur un terrain parfaitement uni. La distance totale de Santa-Rosa à Mendoza par la route indiquée serait d'environ 75 lieues.

La continuation du chemin de fer vers le Rosario se ferait au travers d'immenses plaines qui s'inclinent graduellement vers l'Océan ; la pente moyenne peut s'évaluer à raison de 4 pieds par mille. On calcule que Mendoza a 1,800 pieds d'élévation au-dessus du fleuve Parana, et la distance entre Mendoza et le Rosario est d'environ 180 lieues, à vol d'oiseau ; ces points ont une différence de 7° 35′ en longitude. L'on compte actuellement par la route ordinaire 250 lieues de Mendoza au Rosario, mais il y a exagération. Dans ce trajet il y aurait quelques parties, courtes d'ailleurs, qui exigeraient une pente de 50 pieds par mille; mais on peut considérer que la plus grande partie de la ligne serait établie sur un plan presque horizontal. Elle laisserait un peu au nord les collines de San-Luis et le Morro, évitant celle de *Alto de Yeso*, en passant près du lac *Bebedero*, traverserait les rios Quinto et Cuarto en cherchant le rio Tercero, afin de se rapprocher de Cordova, d'où viendrait un embranchement.

Le commerce du Rosario avec Cordova est actuellement très-considérable malgré le haut prix et l'imperfection des moyens de transport; on peut, pour le Rosario l'évaluer à 8,000 charrettes qui entrent et sortent annuellement avec un chargement de plus de 15,000 tonneaux. Un chemin de fer entre ces deux villes ferait augmenter considérablement le commerce, parce que la diminution du prix de transport et sa rapidité augmenteraient la quantité des denrées qui sont l'objet du commerce actuel et fourniraient de nouveaux et importants produits à ce même commerce, qui aujourd'hui pour le prix et la lenteur des moyens de communication n'a pas de débouché.

Le chemin de Cordova au Rosario, qui fait aujourd'hui l'objet d'une reconnaissance pratique, est uni, sans rochers ni marais; le sol est meuble; peu de ponts, peu de déblais et remblais seront nécessaires; sa construction sera l'une des moins coûteuses connues. On calcule son prix de revient à vingt ou vingt-cinq millions de francs pour un parcours de 114 lieues, et son achèvement peut avoir lieu en moins de quatre ans. Les bras et les capitaux sont les éléments qui manquent pour commencer les travaux; mais ils ne se feront pas longtemps attendre; l'entrepreneur des chemins de fer du Chili sera probablement celui des lignes de la

Confédération, et le gouvernement favorisera leur achèvement par tous les moyens possibles.

Si les moyens de communication sont un élément de la richesse nationale, l'immigration étrangère l'est également, et la confédération argentine lui ouvre les bras avec générosité et lui prête un puissant appui. M. Brougnes, médecin français du département des Hautes-Pyrénées, a signé avec le gouvernement de la province de Corrientes un contrat de colonisation qui a été approuvé par le Congrès législatif ce contrat (G) offre de grands avantages aux colons, en outre de ceux qui sont concédés à tous les étrangers en général par la constitution argentine. Quelques centaines de familles envoyées par M. Brougnes sont déjà arrivées dans la Plata.

Un autre contrat non moins important a été également signé le 15 juin 1853, entre le gouvernement de la province de Santa-Fé et D. Aaron Castellanos, et approuvé par le congrès législatif, pour la colonisation de différents points de la province de Santa-Fé. Les bases de ce contrat sont :

Introduction de mille familles européennes, en groupes de deux cents familles, dans l'espace de deux années, pour le compte de D. Aaron Castellanos ; chacun de ces groupes formant une colonie.

La cession par le gouvernement de Santa-Fé sur les rives du Rio Salado de 33 hectares de terre par famille et de quatre lieues carrées de terrain par colonie, titre de propriété communale. Les 33 hectares de terre seront acquis aux colons après cinq ans. — Les terres communales inaliénables.

Le gouvernement de Santa-Fé fournit à chaque famille,

remboursable en argent après deux ans, ou après trois ans si les récoltes venaient à manquer :

1° Une habitation composée de deux pièces, d'une valeur de 250 francs.

2° Six barriques de farine de 200 livres chacune.

3° Des graines de coton, tabac, blé, blé de Turquie, et pommes de terre, en quantité suffisante pour semer 16 hectares.

4° Deux chevaux, deux bœufs pour labourer, sept vaches et un taureau.

D. Aaron Castellanos ne pourra exiger des colons le remboursement des avances qu'il leur aurait faites, que par le tiers des produits agricoles.

Les colons jouissent de toutes les concessions faites par la constitution, et en plus leurs propriétés, meubles et immeubles, sont exemptes de contributions pendant cinq ans.

Productions minérales de la Confédération argentine.

Les provinces argentines riveraines des fleuves Parana et Uruguay se composent en grande partie de terrains d'alluvion et de terrains secondaires et tertiaires; tandis que celles qui se rapprochent des Andes sont formées de terrains primitifs.

Si l'on parcourt la Cordillère depuis les confins de la province de Mendoza au sud jusqu'à l'équateur, l'examen des riches mines de métaux précieux, en activité ou abandonnées, sur une aussi grande étendue, démontrera que le versant oriental des Andes est au moins aussi riche que le versant occidental. En se limitant au territoire argentin, nous rencontrerons au sud de la province de Mendoza la fameuse montagne de *Payen* couverte de mines d'argent qui ont été exploitées autrefois et sont aujourd'hui au pouvoir des Indiens sauvages ; en continuant au nord, les mines *Uspallata* riches en minerais d'or, d'argent et de cuivre. Plus au nord encore, la province de San-Juan offre les mines d'or de *Gualiban* et de *Guachi* dont l'exploitation est restreinte, et celles d'argent et de cuivre du *pic de Palo*, à l'est de ces mines, les célèbres mines d'or de la Carolina dans la province de San-Luis et celles d'argent de Cordova. En suivant de nouveau la ligne de la Cordillère, au nord de San-Juan, on rencontre la fameuse chaîne de montagnes de « Famatina » qui contient d'immenses richesses en minerais d'or et d'argent. Plus au nord encore, les mines d'or, d'argent et de cuivre de « Anconquija » dans la province de Catamarca, et à l'est de celle-ci, celles d'argent de « Huaschascienega » de la province de Tucuman; enfin au nord et sur les confins de la province de Jujuy, les riches minerais d'or de la « Rinconada. »

L'espace compris entre ces mines a été à peine foulé par le pied de l'homme depuis l'époque de la conquête de l'Amérique, et s'il l'a été, les personnes qui l'ont parcouru avaient à peine une idée de ce que pourrait être une mine. Il y a nécessairement, dans ces contrées, où sont disséminées tant de richesses, en partie encore inconnues, fort peu de gens au courant de l'exploitation minière. L'exploitation des mines offre un champ d'opérations immense aux explorateurs intelligents, tous destinés à faire des découvertes d'une immense valeur, et dont la propriété leur est assurée par les lois sur les mines, en vigueur dans la Confédération (1).

(1) Les lois en vigueur sont les ordonnances espagnoles sur les mines, dans les parties qui n'ont pas été modifiées par des lois du gouvernement fédéral argentin.

Ces ordonnances concèdent la mine à celui qui la découvre, dans quelque terrain que ce soit; mais elles exigeaient, pour en conserver la propriété, que les travaux ne fussent pas interrompus plus de trois mois. Les statuts de finances ont modifié ce point; les mines sont sujettes à 100 francs de contribution annuelle, et il est permis de les laisser inexploitées sans être déchu de ses droits.

Une loi du Congrès législatif, de décembre 1854, assimile les mines de charbon de terre aux autres mines, dérogeant ainsi à l'ordonnance espa-

Les richesses minérales que renferment la chaîne des Andes et ses ramifications depuis le détroit de Magellan jusqu'à l'isthme de Panama sont des faits non-seulement connus par l'exploitation actuelle, ils le sont même depuis longtemps ; l'or et l'argent que les Espagnols ont exportés de ces régions le prouvent à l'évidence.

La Confédération non-seulement possède des mines d'or, d'argent et de cuivre, elle compte aussi parmi ses productions minérales les plus importantes : le plomb, le fer, le zinc, le nickel, l'antimoine, le bismuth, l'étain, le mercure, l'arsenic, le soufre, le sel, le salpêtre, l'alun ; — le granit, le porphyre, l'émeraude, le saphir, la topaze, l'améthyste, la cornaline, l'agate ; des grès de toutes espèces, des calcaires, des marbres ; l'anthracite et la houille ; des bitumes, de l'asphalte ; des argiles, des marnes, des sables ; les ocres jaune et rouge ; le kaolin et les terres à poteries ; la plombagine, l'amiante, etc., etc.

L'abondance du combustible, celle des cours d'eau, des moyens d'alimentation et de transport faciles favorisent l'exploitation des mines, qui, réparties sur une grande étendue en latitude et à des hauteurs différentes, admettent des travailleurs de tous les pays du monde, sans offrir des difficultés d'acclimatation.

Les différentes productions minérales de la Confédération sont répandues dans la plupart des provinces argentines ; les plus riches d'entre elles sont, sous le rapport minéral : la Rioja, Catamarca, Mendoza, Cordova, Tucuman, San-Luis, San-Juan, Jujuy et Salta.

gnole, qui donnait la propriété de la mine de charbon au propriétaire du terrain où elle existe. (Appendice H.).

Les métaux d'or, d'argent et de cuivre sont sujets à des droits d'exportation. (Appendice K.).

PROVINCE DE LA RIOJA.

La province de la Rioja, limitrophe des Andes, possède une chaîne de montagnes renommée pour les richesses minérales qu'elle renferme. C'est celle de « Famatina; » elle s'étend parallèlement aux Andes, sur ses versants orientaux : sa longueur est de 50 lieues, et sa hauteur moyenne de 3,000 pieds; dans son centre s'élève un pic appelé le « Nevado », qui est perpétuellement couvert de neige. Famatina est formée d'un granit composé de feldspath, quartz et mica et de schistes ardoisiers; elle est célèbre pour la richesse de ses mines d'argent, elle dépasse celle des mines de Potosi. L'excessive hauteur des mines, le froid du climat et la difficulté des communications ont toujours présenté un obstacle à leur exploitation sur une grande échelle. Cependant, on doit attribuer surtout le peu de développement qu'ont acquis les travaux aux guerres civiles qui ont régné pendant si longtemps dans la république argentine, et comme preuve de cette opinion, il vient de se fonder une société au Chili pour leur exploitation.

Les mines de Famatina, quoiqu'elles n'aient jamais été l'objet de travaux proportionnés à leur richesse, et que souvent ces travaux aient été interrompus par la guerre, ont produit déjà plus de 15,000,000 de francs. On compte plus de cent mines, et aucune d'elles n'a 50 mètres de profondeur.

L'aloi de ces minerais est excessivement élevé; la mine « Santo-Domingo » a donné 50 p. c. d'argent.

La mine « General Urquiza, » qui est le sulfo-arséniure

d'argent, a donné, suivant les analyses faites au Musée argentin, 24, 25 p. c. d'argent. Cette mine a été découverte en 1851, il en a été extrait pour environ 200,000 francs.

L'argent se rencontre à Famatina à tous les états possibles, et sous les diverses formes connues. Il existe à l'état natif mêlé dans le quartz, à l'état natif dans de la galène argentifère; dans des roches volcaniques, à l'état natif, de sulfure et arséniure; on le rencontre aussi à l'état de chlorure, enfin mélangé à l'oxyde de fer. Il est impossible d'assigner l'aloi de ces minerais, puisqu'on le trouve à tant d'états différents; il existe des échantillons présentant des filons de 1 centimètre d'épaisseur sur 20 de largeur d'argent natif, que l'on doit considérer comme à l'état de métal pur, puisque l'on peut presque l'enlever au ciseau.

De Famatina se détachent différentes montagnes dans la direction de l'est; les plus remarquables sont : « Morado, » « Tigre, » « Cerro Negro, » « Mejicana, » « los Bayos » et « Aranzu. » Dans toutes ces montagnes, il existe des travaux d'exploitation, mais sur une très-petite échelle, et cependant ces travaux donnent de bons résultats pour les industriels et les ouvriers qui s'en occupent.

Parmi les montagnes qui viennent d'être nommées, la « Mejicana » est une des plus riches. On y trouve des pierres contenant de l'or et de l'argent. Cette montagne est couverte d'une épaisse couche de terre qui ne permet pas la recherche des veines. Dans la partie supérieure, où la terre a moins d'épaisseur, on aperçoit un grand nombre de veines dont la direction est de l'est à l'ouest. Les mines « Anduesa, » « Verdiona, » « San-Pedro » et « Espino, » situées dans la partie la plus haute, ont produit, dans les différentes époques de leur exploitation, plus de cinq millions de francs.

L'épaisseur de la montagne « Mejicana » est d'environ huit cents mètres, et l'on s'occupe actuellement de la formation d'une société pour ouvrir une tranchée dans cette montagne, de façon à ce qu'elle vienne à couper perpendiculairement toutes les veines, et permette ainsi une exploitation directe, que l'épaisseur actuelle de la couche de terre empêche d'entreprendre.

Famatina renferme également des mines d'or, de cuivre, de plomb, de nickel et de fer.

La mine « Julio » se compose d'une roche volcanique quartzeuse, dans laquelle est disséminé l'or en grains plus ou moins considérables.

La mine « Caldera » produit le cuivre à l'état métallique et à l'état de carbonate; elle est excessivement riche, et donne de 70 à 80 p. c. de cuivre, mais son exploitation est presque abandonnée, par le manque de capitaux et de débouchés.

La mine « Solitaria » fournit du nickel en abondance; le minerai est très-riche, il est presque pur; on l'exporte au Chili; on peut évaluer la quantité exportée annuellement à 50,000 kilogrammes.

On compte actuellement en exploitation à Famatina :

2 mines d'or.
42   »   d'argent.
2   »   de cuivre.
1   »   de nickel.

L'extraction de l'argent du minerai se fait généralement par amalgamation ; ces établissements sont situés au bas des montagnes ; autour d'eux il s'est formé en peu d'années une nouvelle ville, qui porte le nom de « Villa Argentina ; » elle est située à 40 lieues de la capitale de la province.

PROVINCE DE CATAMARCA.

L'aspect de cette province est très-varié, de même que son climat, en raison des différentes hauteurs de ses départements, de leur distance à la Cordillère des Andes et de l'influence des forêts et montagnes intérieures.

Trois chaînes de montagnes principales divisent la province, elles courent du nord au sud : les branches de la Cordillère des Andes à l'ouest, la chaîne de montagnes de « Ambate » unie à celle de « Anconquija » au centre, et celle de « Ancaste » à l'est.

Les chaînes de montagnes et leurs ramifications renferment d'immenses richesses minérales, peu connues jusqu'à présent, quoique durant ces cinq dernières années il ait été concédé plus de 150 mines d'or, d'argent, de cuivre, de nickel.

Or et argent. — L'Anconquija est formé de roches primitives ; on y rencontre également des roches appartenant aux terrains secondaires. Au nord de cette chaîne de montagnes, au milieu du gneiss, on a découvert des mines d'argent très-importantes, entre autres la « Peregrina » et la « Desideria ; » la première est de chlorure d'argent, qui se présente en masses irrégulières et mamelonnées ; la seconde de sulfure d'argent et de plomb.

L'Anconquija et ses ramifications, parmi lesquelles « Santa-Maria », comptent aujourd'hui plus de quatre-vingts mines dénoncées ; quelques-unes sont déjà en voie d'exploitation.

« Ancaste » en possède également un grand nombre.

Les mines d'or qui ont été dénoncées sont au nombre de huit, réparties dans les montagnes de « Anconquija, » « Santa-Maria, » « Atajo, » « Ancaste » et « Belen. »

Les mines d'argent donnent de 200 à 1,400 marcs d'argent pour une caisse de minerai, et celles d'or donnent jusqu'à 100 onces de métal pur (1).

Cuivre. — Les mines de cuivre les plus importantes sont situées dans la chaîne de « Atajo, » ramification de celle d'Anconquija, qui, contrairement aux autres chaînes de montagnes de cette province, court de l'est à l'ouest, entre les villes de « Andalgala » et de « Santa-Maria. »

Les filons sont situés sur les hauteurs et existent dans toute l'étendue de la montagne. L'Atajo est formé de granit dans son centre, et de roches porphyriques en décomposition à ses extrémités. C'est sur ces points que l'on a trouvé le minerai de cuivre en plus grande abondance, et c'est aussi là qu'ont été établis les travaux d'exploitation.

La partie ouest de la chaîne est connue sous le nom de « mines de Atajo » et celle de l'est sous celui de « mines des Capillitas. » Il existe entre ces deux points d'exploitation une distance de trois lieues. Le minerai existe dans une gangue argileuse ou argilo-calcaire plus ou moins dure et compacte. Le terrain des mines d'Atajo est beaucoup plus dur que celui des Capillitas.

La découverte des mines des Capillitas a dû avoir lieu au commencement du siècle passé, époque à laquelle il se forma une société d'Espagnols et de Péruviens pour l'exploitation

---

(1) Une caisse de minerai pèse 64 quintaux, le marc vaut huit onces. Les mineurs évaluent presque toujours la richesse des mines par la quantité de marcs de métal contenus dans ce qu'ils appellent une caisse ou 64 quintaux de minerai.

de l'or et de l'argent que l'on rencontrait à la superficie des mines. On voit encore aujourd'hui les traces de ces anciens travaux, et l'on reconnaît facilement le genre d'opérations métallurgiques auxquelles on soumettait le minerai. La plupart de ces mines avaient été creusées jusqu'à une profondeur de 40 mètres. A différentes fois, elles ont été mises en exploitation, mais abandonnées de nouveau, soit par suite des guerres civiles, soit par suite du manque de capitaux et d'intelligence dans les entrepreneurs.

Aujourd'hui, les travaux ont été repris avec beaucoup d'activité et de succès dans quelques-unes d'elles. On compte quinze mines en exploitation dans les Capillitas; parmi elles on peut citer comme étant les plus riches les mines suivantes : « Restauradora, » « Rosario, » « Nueva Esperanza, » « Isabel, » « Bartolina, » « Mina Grande, » etc.

Le cuivre se rencontre dans ces différentes mines sous divers états : carbonate vert, carbonate bleu, pyrite, sulfure de cuivre gris, etc., etc. Dans ces derniers temps, on a trouvé dans la mine « Santa-Clara » un filon de cuivre natif à l'état d'arborisation.

Les mines de cuivre en exploitation donnent de 35 à 60 p. c. de métal. Le cuivre obtenu contient 96 p. c. de métal pur ; il est excessivement malléable et renferme une certaine quantité d'or et d'argent, à laquelle il doit sa malléabilité. L'année dernière, les mines de Catamarca ont fourni à l'exportation une quantité considérable de cuivre; il s'est vendu au port du Rosario de 85 à 100 francs les 100 livres, et à ce prix il laisse de grands bénéfices aux producteurs.

Les mines d'Atajo offrent une richesse égale à celles des Capillitas, le minerai est de la même nature que le précédent. Ces mines ont été également l'objet de travaux d'exploitation importants, du temps de la domination espagnole, travaux qui consistaient uniquement dans l'extraction de l'or et de l'argent des couches supérieures.

Aujourd'hui, il n'existe qu'un seul établissement en activité : celui de « Merceditas. »

L'Atajo et les Capillitas renferment aussi des galènes argentifères, mais d'un aloi trop faible pour offrir quelque attrait. Quelques-unes de ces galènes ont donné de 20 à 40 marcs d'argent par caisse. Leur exploitation est abandonnée aujourd'hui; plus tard, ces galènes pourront servir de fondants pour les mines d'argent de Santa-Maria.

Le granit formant la base des Capillitas et d'Atajo, on trouve dans ces montagnes le silicate d'alumine en grande quantité, et il sert à la confection des matériaux réfractaires dont on construit les fourneaux. Il a été reconnu, par suite de l'emploi comparatif, que ces matériaux indigènes sont supérieurs à ceux d'Europe, dont le prix de revient est énorme dans ces pays.

La fabrication des matériaux réfractaires est appelée à devenir l'objet d'une industrie importante, qui donnera d'immenses bénéfices aux industriels au courant de cette matière, et qui voudraient s'occuper de cette fabrication, aujourd'hui mal exécutée, par suite du manque de bras et de personnes aptes à bien diriger les travaux. Quoi qu'il en soit et comme preuve de la qualité supérieure des matières premières, la plus grande partie des fourneaux sont construits en matériaux indigènes. Leur composition est de trois parties de silice pure, une partie d'alumine et de feldspath en fragments ; on ajoute à la masse un peu de charbon ou de scories pour lui donner plus de consistance.

Le manque de capitaux et d'ouvriers intelligents a retardé les progrès de l'exploitation de ces importantes mines de cuivre; mais il est hors de doute que la tranquillité intérieure dont jouissent actuellement les provinces argentines amènera bien promptement les éléments nécessaires pour l'exploitation sur une vaste échelle.

Nickel. — Au sud-ouest des Capillitas, à deux lieues de distance, sur la route qui conduit au fort de « Andalgala, » l'on rencontre une nouvelle chaîne de montagnes, d'une assez grande élévation, qui porte le nom de « Negrilla ; » il a été découvert récemment dans cette montagne six mines de nickel. Suivant les analyses faites de ce minerai au Musée argentin, c'est un sulfo-arséniure de nickel et de fer, contenant également un peu d'argent.

Étain. — Au commencement de l'année 1854, il a été découvert à « Santa-Clara, » située sur l'Anconquija, une mine d'étain argentifère ; jusqu'aujourd'hui, elle n'a pas été mise en exploitation.

La province de Catamarca renferme des marbres et des pierres calcaires de toutes espèces. Les départements de « Belen » et « d'Andalgala » sont renommés pour les variétés d'argiles qu'on y trouve ; on y fabrique de la poterie ; mais cette industrie est dans l'enfance, les potiers ne savent pas même vernisser leurs produits. Santa-Maria produit du sulfate de chaux blanc et rose d'excellente qualité ; dans quelques endroits on rencontre la chaux fluatée ; dans ce même département, il existe des lacs d'eau salée, qui fournissent le sel qui se consomme dans la province. Le district de « Portezuelo, » contient deux sources d'eau nitreuse, excessivement chargée de salpêtre ; elles peuvent donner lieu à une industrie importante, lorsque l'exploitation des mines exigera une grande consommation de poudre.

Le climat de Catamarca, le caractère de ses habitants et sa fertilité offrent d'immenses avantages pour l'exploitation de ses mines. Les mines, en effet, ne sont pas situées dans un désert, comme le sont celles de la Californie et de l'Australie, elles sont au milieu de villes et d'une campagne habitée par un peuple civilisé et chrétien, religieux, hospitalier et travailleur. Il n'existe pas de maladies endémiques, bien au contraire son climat est des plus salubres. Les aliments sont abondants et à bon marché. Le combustible végétal et l'eau existent en quantité plus que suffisante pour pourvoir à tous les besoins, et l'on est déjà sur les traces de la houille. D'immenses et fertiles prairies naturelles assurent le fourrage des animaux. Catamarca produit toutes espèces de céréales et de fruits ; cette province est couverte de bestiaux ; on y fabrique l'eau-de-vie et le vin ; le tabac s'y cultive en abondance. Les moyens de communication sont passables et s'améliorent de jour en jour.

PROVINCE DE MENDOZA.

Les produits minéraux de Mendoza sont variés et de grande valeur ; parmi ces produits on compte : l'or, l'argent, le fer, le plomb, l'anthracite, le charbon de terre, le bitume, le marbre, le sulfate de chaux, la pierre ponce, le quartz, la pierre à feu. Les montagnes de Mendoza renferment l'émeraude, le saphir, la topaze, l'agate, la cornaline, l'améthyste.

Du temps de la domination espagnole, il existait d'importants travaux d'exploitation de mines d'or et d'argent à Uspallata, située à 50 lieues de la ville de Mendoza, sur la route du Chili. Les mines d'Uspallata furent découvertes en 1658 ; on commença leur exploitation en 1776. Les travaux furent abandonnés, et pendant longtemps quelques spéculateurs se sont occupés de la fonte des anciennes scories qui donnaient 8 marcs d'argent par caisse. Les mines d'argent étaient, pour la plus grande partie, de la galène argentifère dont l'aloi maximum était de 200 marcs par caisse. — Uspallata possède non-seulement des mines d'or et d'argent, mais encore des mines de cuivre et de fer. — On s'occupe dans ce moment de rétablir quelques-uns des anciens travaux, qui promettent d'heureux résultats, tant sous le rapport de la richesse des minéraux que sous celui de la facilité de leur exploitation et de leur réduction.

L'exploitation des mines de cuivre situées à 15 lieues au sud de la ville de Mendoza a déjà acquis une grande importance ; ces mines, qui portent le nom de Californie, se composent de cuivre natif mêlé de quartz, de carbonate de cuivre vert et bleu et de pyrite de cuivre. Une quantité considérable de cuivre métallique s'exporte annuellement au Chili.

Le sud de la province de Mendoza renferme des produits minéraux très-variés ; les carrières de marbre de San-Rafael produisent du marbre vert de mer, vert clair, blanc, blanc jaspé de rouge ; au Chayado, l'on rencontre la pierre à aiguiser ; à San-Carlos, la pierre lithographique. La plupart des rivières du sud fournissent d'excellentes ardoises. A Aisol, on trouve un marbre noir magnifique. De très-bonnes routes conduisent aux carrières ; les marbres sont presque à la superficie de la terre et s'étendent sur un vaste espace ; les couches ont environ un mètre d'épaisseur.

Entre le Latuel et le Diamante, rivières situées dans le

sud, il existe une mine de bitume ou goudron d'excellente qualité; elle est exploitée par les constructeurs chiliens, qui en extraient d'abondants chargements pour la marine du Pacifique.

A quelques lieues au sud de la rivière du Diamant, on rencontre, près d'une petite montagne qui dépend du rocher des Buitres, des sources de bitume épais et noir, qui couvrent une étendue de 40 mètres de largeur sur 120 de longueur, et forment avec le sable des terrains qu'elles baignent, une masse compacte, semblable à l'asphalte préparé et durci.

Il existe dans le sud de la province de Mendoza des carrières de cabonate et de sulfate de chaux. L'albâtre, la pierre à fusil, la pierre ponce, les grès, les argiles de toutes espèces et de toutes couleurs y sont abondants. On y rencontre aussi d'excellentes matières pour la confection des matériaux réfractaires. Le charbon de terre ou houille et l'anthracite y existent également en grande quantité; l'anthracite se trouve aussi près de la ville de Mendoza, à une lieue et demie au sud; cet anthracite est d'une excellente qualité. Suivant l'analyse qui en a été faite au Musée argentin, 100 livres de combustible donnent 359 pieds cubes de gaz hydrogène carboné, ou gaz d'éclairage.

L'étude géologique de la province de Mendoza ferait découvrir bien certainement de nombreux trésors, qui sont aujourd'hui inconnus, et que des bras et des capitaux étrangers pourraient exploiter, en assurant aux travailleurs et aux capitalistes d'immenses bénéfices. La situation géographique de Mendoza, son climat, ses productions, le bon marché de la vie matérielle doivent nécessairement amener l'émigration étrangère vers cette région du territoire argentin.

PROVINCE DE CORDOVA.

Cette province possède une longue chaîne de montagnes qui lui servent de limites à l'ouest, et qui courent du nord au sud; elles sont connues sous le nom de montagnes de Cordova. Le pic le plus haut a 2,500 pieds au-dessus du niveau des plaines.

Des flancs des montagnes de Cordova descendent une grande quantité de rivières qui arrosent les plaines, constamment couvertes d'herbes qui servent à la nourriture de nombreux troupeaux.

Les montagnes et leurs contre-forts renferment des mines de cuivre et d'argent, exploitées depuis de longues années avec de grands avantages. Non-seulement elles renferment l'argent et le cuivre, mais encore l'or, le plomb, le zinc et le fer.

Argent. — Les mines d'argent sont situées à trente lieues ouest de la ville de Cordova, dans les départements de Pocho et Punilla; elles sont nombreuses, car il en existe actuellement plus de soixante en exploitation. Le minerai est la galène argentifère, dont l'aloi varie de 15 à 40 marcs par caisse; l'aloi général est de 25 à 30 marcs. Le grand avantage que possèdent ces mines est la constance du minerai; il n'existe pas d'interruption dans les veines, et leur peu de profondeur n'exige que dans des cas rares l'emploi de machines d'épuisement pour l'extraction des eaux. — On compte déjà grand nombre de fourneaux de réduction et de coupellation; les établissements les plus importants sont ceux du Guayco de Roque et Frères et de Lastra. La production annuelle d'argent est considérable, une partie s'emploie à l'hôtel des monnaies de Cordova, et l'autre est exportée.

Cuivre. — Les mines de cuivre sont à quatorze lieues sud-ouest de Cordova, département de Calamuchita. Les principales mines en exploitation sont celles du « Tio, » « Minotauro » et « Tacuru, » et bientôt également celle de la « Cordovesa », découverte l'an dernier.

La mine du « Tio » est située dans une montagne de peu de hauteur ; elle offre l'immense avantage d'une route qui court dans une plaine, et permet d'aller en voiture jusqu'à l'ouverture de la mine. Le Tio est excessivement riche, il présente des veines ou filons dans toutes les directions. Il y a actuellement neuf veines en exploitation : « Napoléon, » « Victoria, » « Fortuna, » « Saint-Jean, » « Leopoldo, » « Feliza, » « General Urquiza, » « Invariable » et « du Graty. » Les veines courent parallèlement, dans un espace de 60 mètres.

Les espèces de minerais qu'elles présentent sont très-variées ; ce sont : la pyrite de cuivre, le sulfure de cuivre gris, le carbonate vert et bleu. Les mines Napoléon, Victoria et Fortuna n'ont pas encore atteint 12 mètres de profondeur, et donnent de 18 à 50 p. c. de cuivre. Les veines ont environ 60 centimètres d'épaisseur.

La mine Saint-Jean a 15 mètres de profondeur, le filon 50 centimètres d'épaisseur ; c'est un carbonate de cuivre qui donne 78 p. c. de métal. Un autre filon de la même mine a 60 centimètres d'épaisseur ; il fournit de la pyrite de cuivre (fer, cuivre et soufre) qui donne 23 p. c. de cuivre.

Les mines Leopoldo et Feliza sont dans leur principe d'exploitation, l'aloi de leurs minerais n'est pas encore bien déterminé.

La mine General Urquiza a donné, au commencement, du carbonate de cuivre d'un aloi de 75 p. c. de métal ; actuellement, elle donne du carbonate mélangé avec de la pyrite et fournit 59 p. c. de métal. La profondeur est de 20 mètres, et son épaisseur de 50 centimètres.

Les mines Invariable et du Graty sont de malachite ou carbonate vert, leur aloi est de 44 p. c.

Les mines du Minotauro sont : « Dos Amigos, » « Nueve de Julio » et « Facundo. »

La mine Dos Amigos, en exploitation, présente deux veines qui se croisent : « Julio » et « Enrique. »

La veine Julio a deux filons de 60 centimètres d'épaisseur ; le premier donne du carbonate de cuivre, qui fournit 46 p. c. de métal, et le second de la pyrite donnant 25 p. c.

La veine Enrique présente également deux filons de pyrite ; elle a atteint la profondeur de 15 mètres.

La mine Nueve de Julio a deux filons qui courent unis et parallèles jusqu'à 6 mètres de profondeur ; l'un est de cuivre, l'autre de fer. Le cuivre est à l'état de pyrite, et donne 15 p. c. de métal.

La mine Facundo est semblable à celle Nueve de Julio pour les minerais ; elle n'a atteint jusques aujourd'hui qu'une profondeur de 4 mètres.

Les minerais de Tacuru sont de la même nature que ceux des mines précédentes, mais moins riches en cuivre. Les montagnes de Tacuru comptent 17 veines en exploitation ; on y rencontre assez généralement le cuivre mélangé au fer, au soufre et à l'arsenic. Quelques-unes de ces veines ont donné de 18 à 45 p. c. de métal, mais l'aloi général est plus faible.

Il existe déjà aux établissements de Tio, Minotauro et

Tacuru des fourneaux pour la réduction et la fonte du cuivre. Le métal obtenu est d'excellente qualité.

On a découvert récemment au nord-ouest de Cordova une mine de cuivre très-importante, la mine de « Saldan. » A la surface de la terre, elle offre du minerai qui donne jusqu'à 60 p. c. de métal ; c'est un carbonate vert ou malachite compacte. On s'occupe dans ce moment de son exploration.

Le département de Calamuchita contient aussi des minerais d'or ; l'on y trouve l'or mélangé de quartz, mais jusqu'à présent ce minerai n'a été rencontré que très-disséminé.

Au Guayco, département de Pocho, il existe une mine de blende ou sulfure de zinc, mais elle n'est pas exploitée.

Cordova possède de magnifiques et immenses carrières de marbre blanc et rose ; jusqu'à présent il n'existe aucune scierie de marbre, on s'en sert pour la construction d'édifices, et il est employé pour la fabrication de la chaux ; il fournit une chaux grasse de qualité supérieure.

Le calcaire est abondant dans cette province ; les montagnes renferment des granits fort beaux et des cristallisations magnifiques de cristal de roche. Des montagnes de Pocho on extrait du talc stéatite vert ; anciennement, on s'en servait pour la construction d'édifices publics ; la facilité avec laquelle il se laisse tailler le faisait employer du temps des Espagnols pour les chapiteaux et socles des colonnes des magnifiques églises qui ont été construites à cette époque à Cordova. Aujourd'hui, l'on en fait grand usage dans la confection des fourneaux à réverbère pour remplacer les briques réfractaires.

Les mines de Cordova présentent, sur toutes les autres, le

grand avantage d'être plus rapprochées du littoral, ce qui facilite l'exportation de leurs produits. Un avenir brillant est réservé à cette province, car non-seulement ses montagnes renferment de grandes richesses minérales faciles à exploiter, mais encore elle a été favorisée par la nature d'un sol fertile et d'un climat délicieux.

PROVINCE DE TUCUMAN.

Cette province est séparée de celle de Catamarca par les chaines de montagnes d'Anconquija, qui prennent le nom de Quilmes du côté de Tucuman. Le point le plus élevé de cette chaine a 15,000 pieds au-dessus du niveau de la mer : elle est très-riche en minerais d'or, d'argent, de cuivre, de plomb et de fer. Ces mines ont été anciennement l'objet de travaux d'exploitation, abandonnés depuis; du temps de la domination espagnole, elles étaient exploitées par les indigènes ; mais les fortes contributions qu'on leur imposait firent disparaître cette industrie.

Le Quilmes est une ramification de la Cordillère des Andes, qui prend son origine à Potosi, et suit la direction de nord à sud sur une étendue de 300 lieues, formant ainsi l'immense vallée de Calchaqui, qui est arrosée par la rivière de Santa-Maria. Les terrains de la vallée de Calchaqui sont d'alluvion ; on y rencontre de grandes plaines sablonneuses, qui renferment un peu de bitume. La rivière de Santa-Maria donne un courant d'eau excellent pour l'établissement des usines d'exploitations des mines qui l'entourent.

De la chaine de Quilmes partent différentes ramifications plus ou moins élevées, et riches en minerais de toutes espèces.

Huaschascienega, une d'elles, est formée de granit ; on y rencontre des mines d'argent : ce métal est à l'état de sulfure antimonié, et la gangue est de feldspath, quartz et mica, en quantité plus ou moins considérable ; quelquefois il existe seulement deux de ces matières, formant alors, suivant les cas, une gangue d'orthose, leptinite, ou pegmatite. Il existe déjà un grand nombre de mines d'argent dénoncées dans Huaschascienega, et quelques-unes sont en voie d'exploitation : « San-Francisco, » « San-Agustin, » « Clementina, » etc. — La mine de San-Francisco donnait à la superficie 800 marcs d'argent par caisse ; à 10 mètres de profondeur, elle en donne 1,280 ; à 15 mètres, San-Agustin en donne 1,024 ; et Clementina a produit à la surface 1,116 marcs d'argent par caisse, suivant le rapport d'un minéralogiste allemand chargé de l'exploration des mines de Tucuman par une société anglo-américaine, fondée l'an dernier.

Dans la montagne d'Amaicha, on rencontre les restes d'anciens travaux ; les mines furent abandonnées après avoir été creusées à une grande profondeur ; Amaicha possède des mines d'or, d'argent et de cuivre.

A l'ouest de Colalao, dans un des contre-forts du Quilmes, on a découvert de riches mines d'argent, et, dernièrement, une mine de fer d'immense dimension et d'exploitation facile. Le minerai de fer est très-riche ; il donne jusqu'à 80 p. c. ; il se compose de fer oligiste et d'oxyde de fer hydraté.

En avant des établissements de Rumi-Guazi, dans les montagnes de l'est, sur la route d'Amblaillo, il existe des mines de carbonate de cuivre, donnant de 30 à 40 p. c. de métal à la surface du sol.

Les chaînes de montagnes de Tucuman étant la continuation de celles de Potosi, il n'est pas surprenant qu'elles soient excessivement riches en productions minérales, et il est probable que les recherches actives dont ces montagnes sont aujourd'hui l'objet feront découvrir des mines aussi riches et aussi abondantes que celles de Potosi.

Jusqu'à ce jour, l'exploitation des mines de Tucuman n'a eu lieu qu'imparfaitement; elle était réduite aux travaux des indigènes, qui vivaient disséminés dans les montagnes, et qui, de temps en temps, allaient vendre à la ville de Tucuman les petites quantités d'argent qu'ils avaient recueillies. Depuis un an, les richesses minérales de cette province ont attiré l'attention de quelques capitalistes et industriels, et il s'est déjà formé plusieurs sociétés pour leur exploitation.

Tucuman offre tous les avantages possibles pour l'exploitation de ses mines : sa richesse dans les trois règnes, la salubrité de son climat l'ont fait considérer comme la plus belle des provinces argentines. La végétation y est magnifique. Les plaines sont d'une excessive fertilité; presque sans travail, elles produisent le blé, le maïs, le riz, le tabac en abondance. Les arbres fruitiers y sont très-répandus, et la canne à sucre y vient naturellement. Les bestiaux sont abondants et à bon marché. Les montagnes sont couvertes d'arbres immenses, d'espèces variées et riches, tant sous le rapport de leur résistance que sous celui de leurs couleurs. La communication de la province de Tucuman avec le littoral se fait par une bonne route, qui permet le transport de ses produits en charrette jusqu'aux ports du fleuve Parana.

PROVINCES DE SAN-LUIS ET DE SAN-JUAN.

Les contre-forts des Andes, qui sont interrompus par la

profonde vallée du Desaguadero, qui unit les lacs Silvero et
Bebedero, renaissent à l'orient de ce fleuve, après 9 lieues
de plaines, par un vaste talus qui commence les chaînes de
San-Luis, dont deux branches parallèles de nord à sud servent de limites à cette province, qui est divisée en deux
régions principales : celle des montagnes et celle des
plaines.

La première est montueuse et accidentée ; ses terrains
primitifs sont couverts de terrains d'alluvion, formés de
sable et de quartz ; elle contient de nombreux gisements
métallifères : or, argent, cuivre, plomb, zinc, fer, etc.

La seconde est formée de vastes plaines, légèrement on-
dulées, arrosées par plusieurs rivières, et couvertes de plantes
aromatiques et d'herbes qui croissent dans un terrain très-
fertile.

Au nord s'étendent les montagnes de la Carolina, qui ont
donné leur nom aux mines d'or qu'elles renferment. Sur
une étendue de 20 lieues de nord à sud, et 6 d'est à ouest,
on trouve des terres aurifères, au sud dans les vallées que
forme le Rio Cuinto, et au nord dans celles des montagnes
de la Caroline. Les vallées les plus riches sont : Ronda,
Arenilla et Durazno. — Environ 600 personnes, hommes,
femmes et enfants s'occupent de la recherche de l'or, mais
avec une indifférence incroyable et des moyens d'exploitation plus qu'imparfaits ; dans certaines saisons ils enlèvent
la terre et la lavent avec des sébiles de bois : quoi qu'il en
soit, ils recueillent annuellement 4,500 à 5,000 onces d'or.
Aucun d'eux ne songe à se créer une fortune ou de l'ai-
sance, à peine travaillent-ils pour recueillir la quantité
nécessaire pour s'habiller et se nourrir.

Les mines de la Carolina, travaillées il y a longtemps,

furent abandonnées, parce qu'elles s'inondèrent, et les guerres civiles empêchèrent de reprendre les anciens travaux. La mine de Cerro-Rico, située à 25 lieues de San-Luis, présente une veine de 1,200 mètres de longueur, courant de nord à sud, sur le versant de la montagne; elle contient un filon aurifère dans toute son étendue. Les anciens mineurs la travaillèrent aussi longtemps qu'ils purent opérer l'épuisement des eaux au moyen de seaux, et il est constaté qu'elle donna de brillants résultats. Les immenses et nombreux travaux exécutés dans cette mine viennent, à l'appui de ces renseignements, confirmer sa richesse. On remarque l'ouverture de trois grandes tranchées pratiquées dans le but de faire écouler les eaux; mais ces travaux, mal exécutés, donnèrent lieu à des éboulements qui durent être de nouveaux obstacles à l'épuisement. En 1849 et 1850, on fit quelques travaux de grande importance dans cette mine, et l'on obtint des minerais composés de pyrite de cuivre d'un très-bon aloi, et contenant beaucoup d'or.

Au nord de Cerro-Rico, on a repris les travaux d'une autre mine excessivement profonde; enfin, dans la même montagne, une compagnie chilienne a obtenu la concession de la mine « Estancia, » et elle se prépare à l'exploiter. — Suivant l'opinion d'une personne qui a exploré ces mines avec soin et intérêt, on pourrait en extraire 50,000 onces d'or en un an de temps.

Les mines de San-Juan ne sont pas exploitées; quelques personnes s'occupent, de même qu'à San-Luis, de ramasser de petites quantités de pépites d'or. Les mines d'or des ramifications des Andes, au nord de San-Juan, district de Jachal, sont riches, mais dans le même état que celles de la

Caroline; en 1825, elles ont produit pour 400,000 francs d'or.

PROVINCES DE JUJUY ET DE SALTA.

Ces provinces sont traversées par de grandes chaînes de montagnes, ramifications des Andes qui s'étendent de Potosi jusqu'aux chaînes de Catamarca, auxquelles elles se relient dans la vallée de Calchaqui.

Les cordillères de « Valles » et du « Despoblado, » et les montagnes « d'Acay » et « San-Antonio de los Cobres » sont aurifères et argentifères.

La Puna comprend la partie du territoire de Jujuy dans laquelle existe le point culminant des montagnes de cette province, et se compose de quatre départements : « Yavi, » « Rinconada, » « Cochinoca » et « Santa-Catalina. » Ces départements sont excessivement riches en minerais d'or et d'argent non exploités, car on ne peut considérer comme exploitation les petites quantités comparatives d'or que les indigènes recueillent en quelques heures pour pourvoir à tous leurs besoins.

Les montagnes de la Rinconada sont les plus abondantes en minerais d'or; on le trouve à l'état de pépites et de paillettes, après de fortes pluies, dans les terrrains d'alluvion. On a trouvé des pépites d'une grosseur considérable en creusant à quelques mètres de profondeur. L'or apparaît, après les pluies, dans les terrains d'alluvion de la Rinconada et Santa-Catalina avec tant d'abondance, que l'on dit vulgairement qu'il y croît comme de l'herbe.

Le département de Cochinoca renferme les salines de Casabindo, d'où l'on extrait des morceaux de sel gemme de

12 à 25 kilogrammes. Ce sel est exporté en Bolivie, et sert à l'approvisionnement des provinces argentines du Nord et de quelques-unes du Centre et des Andines. Il est d'excellente qualité, pur et blanc. Les salines sont inépuisables : en temps de pluie, les eaux remplissent les parties creusées, et, après leur évaporation, la masse saline paraît n'avoir jamais été touchée. Cette masse a environ 11 lieues de longueur sur 7 de largeur.

La Puna contient d'excellentes argiles et terres à poterie.

De la Puna au sud sont situés les départements de Humahuaca et Tumbaya, séparés entre eux par une vallée abondante en sulfate et carbonate de chaux; cette vallée est formée des montagnes Aguilar, de Chuni et Tilcana, toutes trois riches de minerais d'argent.

Le département de «Cerro-Negro,» situé à l'est de la ville de Jujuy, à la frontière de Salta et du Chaco, renferme les montagnes aurifères de Santa-Barbara.

Salta, de même que Jujuy, possède de grandes richesses minérales, également inexplorées.

Ces deux provinces ont, de plus, le bitume et l'alun. Le bitume se trouve en abondante quantité, formant un lac, sur la rive droite du Rio-Grande, au point où il se jette dans le Vermejo; ce bitume présente toutes les qualités du meilleur goudron. L'alun existe à l'état de pureté sur les montagnes qui donnent naissance aux rivières Dorado et Valle.

Salta possède un immense dépôt de kaolin, dans les montagnes voisines de Getemani. Ce dépôt est formé de trois veines, partant du sommet d'une des montagnes les moins élevées, à fleur de terre, sur une étendue de 50 mètres, disparaissant ensuite sur une longueur de 300 mètres, et reparaissant de nouveau sur un des versants coupés à pic.

Ces veines donnent du kaolin de différentes couleurs : blanc
bleuâtre, blanc rosé et blanc jaunâtre. Le rosé est, d'après
les essais faits, celui qui fournit la meilleure porcelaine.

On peut se procurer dans le voisinage du quartz et du
feldspath de bonne qualité ; des sables blanc, rosé et jaune.
Les mêmes montagnes renferment des mines de plomb, des
minerais à l'état d'arséniure et d'autres substances minérales propres à la fabrication de la porcelaine et de ses
émaux. Des argiles de différentes espèces et couleurs y sont
abondantes.

Il existe également des sables salins, et à San-Antonio de
los Cobres, situé à 50 lieues, on peut se procurer des scories minérales pour les émaux ordinaires, qui coûtent à
Getemani 10 francs les 100 kilogrammes.

Il a été formé, il y a quelques années, par D. Nicolas
Carenzo, un établissement à Getemani, pour la fabrication
de la faïence et de la porcelaine ; mais le manque de con-
naissances pratiques et d'ouvriers intelligents ne lui a pas
permis de passer des essais à une fabrication en grand. Cette
entreprise est digne d'appeler l'attention des spéculateurs,
car, à l'aide d'un petit capital et de quelques ouvriers intelligents, l'exploitation du kaolin de Salta et sa transformation
en porcelaine serait une industrie très-lucrative[1]. Getemani
est situé à cinq lieues de Salta et à une lieue du dépôt de
kaolin, qui peut être conduit en charrette du pied de la
montagne à l'établissement, de la montagne au dépôt ; le

_____

(1) L'établissement de Getemani, appartenant à M. Carenzo, possède
environ trois lieues carrées de terrain, une grande maison principale avec ses
dépendances ; des cuves et des étangs pour laver le kaolin, différents troupeaux de bestiaux, etc.

Son propriétaire m'ayant prié de lui trouver un associé connaissant

6

trajet est d'environ 600 mètres, et le transport se fait à dos de mulets.

La vallée est fertile, couverte de fourrages et arrosée par dix-sept lacs, une rivière et des ruisseaux ; le terrain est accidenté et permet d'établir un nombre convenable de moulins sur le cours de la rivière. Les montagnes sont couvertes de bois ; le climat est doux, plus agréable et plus sain que celui de la ville de Salta.

Les produits de l'industrie céramique qui se fabriqueraient à Getemani auraient pour marchés : les provinces argentines du Nord, une partie de celles du Centre et des Andines ; plus tard, toute la Confédération ; la Bolivie, qui se fournit de ces produits à Buenos-Ayres ; et l'on pourrait aussi compter sur les marchés du Chili et du Pérou, car il existe une très-bonne route de Salta à Cobija. La fabrication des produits céramiques dans la Confédération serait sans doute, d'ailleurs, protégée par un privilége accordé par le gouvernement.

PROVINCE D'ENTRE-RIOS.

Essentiellement occupée de l'élève du bétail, que favorisent ses fertiles plaines, arrosées de nombreux fleuves et rivières,

l'industrie céramique, me remit l'inventaire de la valeur de son établissement qui est le suivant :

	Piastres.
Établissement de Getemani, terres, habitations, etc.	8,000
400 têtes de bestiaux.	5,200
200 têtes tant chevaux que juments et mules.	1,400
400 moutons.	500
100 chèvres.	75
Total.	12,975

Ce qui fait environ 65,000 francs.

elle ne présente qu'un intérêt secondaire sous le rapport minéralogique.

La composition géologique de la partie riveraine du Parana est la suivante, elle classe cette partie dans les terrains jurassiques.

1° Terre végétale;

2° Limon pampéen datant du déluge;

3° Calcaire conchyleux, contenant le *gryphœa, ostrea acuminata, ostreadeltoidea, exogyra;*

4° Argiles avec fossiles du genre des *gryphœa;*

5° Sable vert et jaune, séparé de l'argile par des couches ocreuses; le sable contient des *asarte elegans, pecten* et *plagiostomos.*

La formation géologique de la partie riveraine de l'Uruguay diffère de cette dernière, à mesure que l'on se sépare du confluent des deux fleuves, à cinquante lieues duquel l'on rencontre déjà des agates très-variées, du quartz cristallisé, des roches quartzeuses, de l'améthyste de différentes teintes.

Il existe aux environs de la ville de Parana, sur le fleuve du même nom, de nombreuses carrières qui fournissent d'excellents calcaires, lesquels servent à fabriquer la chaux maigre et la chaux hydraulique, parce que le calcaire présente aussi des couches mélangées de sable et d'argile, qui donnent à la chaux sa propriété hydraulique.

Le Diamante, à dix lieues au sud, possède aussi quelques carrières et fours, donnant des produits de la même qualité que ceux du Parana.

Au nord du Parana, sur les côtes, et à l'est dans le ruisseau Yeso, à une lieue de la ville, il y a d'abondantes carrières de sulfate de chaux blanc cristallisé, facile à cuire, et donnant du plâtre de très-bonne qualité.

La rivière du Dol contient d'excellentes pierres à meules et des pierres fines à aiguiser. Il est probable qu'en exploitant cette dernière carrière, elle donnerait des veines qui fourniraient des pierres lithographiques.

Les environs du Parana donnent en quantité considérable les matières suivantes :

Argile smectique, terre à foulon ;

Argile grise bleuâtre, terre plastique ;

Argile jaune blanchâtre, peu pâteuse ;

Marne argileuse ;

Sable blanc pur et mélangé de chaux ;

Sable jaune argileux ;

Terres jaunes, rougeâtres et violettes ;

Ocres jaune et rouge ;

Terres contenant du sulfate de soude.

La facilité d'exportation que présentent les fleuves Parana et Uruguay donne beaucoup d'importance à ces matières premières, parce qu'elle permet de couvrir les marchés du littoral des produits de leur fabrication. Les fours à chaux du Parana et du Diamante fournissent la chaux en abondance, et toujours en demande, au prix de 6 francs la . . . . ., donnant aux chaufourniers un bénéfice de plus de 60 p. c. Les briques se vendent de 70 à 80 francs le mille, donnant aux briquetiers un bénéfice de 60 à 70 p. c.

Les carreaux ont une grande valeur dans les provinces du littoral, 250 francs le mille ; il y a d'excellentes terres pour leur fabrication ; mais cette branche d'industrie, de même que celles de la poterie et de la faïence commune, n'existent pas faute de bras.

APPENDICE.

CONSTITUTION

DE LA

CONFÉDÉRATION ARGENTINE.

Nous représentants du peuple de la Confédération Argentine, réunis en Congrès général constituant, par la volonté et élection des provinces qui la composent, en exécution des pactes existants, dans le but de constituer l'union nationale, affermir la justice, consolider la paix intérieure, pourvoir à la défense commune, concourir au bien-être général et assurer les bénéfices de la liberté pour nous, pour notre postérité, et pour tous les hommes du monde qui voudraient habiter le sol Argentin ; invoquant la protection de Dieu, source de toute raison et justice : Ordonnons, décrétons et établissons cette constitution pour la Confédération Argentine.

6.

PREMIÈRE PARTIE.

CHAPITRE PREMIER.

DÉCLARATIONS, DROITS ET GARANTIES.

ART. 1er. — La nation argentine adopte pour son gouvernement la forme représentative républicaine fédérale, ainsi que l'établit la présente Constitution.

ART. 2. — Le Gouvernement fédéral soutient le culte catholique, apostolique et romain.

ART. 3.—Les autorités qui exercent le gouvernement fédéral résident dans la ville de Buenos-Ayres, qui est déclarée capitale de la Confédération par une loi spéciale.

ART. 4. — Le Gouvernement fédéral pourvoit aux dépenses de la nation avec les fonds du trésor national, formés du produit des droits d'importation et d'exportation des douanes, de la vente ou location des terres de propriété nationale, de la recette des postes, et des autres contributions que justement et proportionnellement le Congrès général impose à la population, et des emprunts et opérations de crédit que décrète le même Congrès, pour les besoins de la nation ou pour entreprises d'utilité nationale.

ART. 5. — Chacune des provinces confédérées se donnera une constitution sous le système représentatif républicain, d'accord avec les principes, déclarations et garanties de la constitution nationale, et qui assure son administration de justice, son régime municipal, et l'éducation primaire gratuite. Les constitutions provinciales seront revisées par le

Congrès avant leur promulgation. Sous ces conditions, le Gouvernement fédéral garantit à chaque province la jouissance et l'exercice de ses institutions.

Art. 6.—Le Gouvernement fédéral intervient avec ou sans réquisition des assemblées législatives et des gouverneurs provinciaux dans le territoire des provinces, dans le but unique de rétablir l'ordre public, troublé par la sédition, ou de veiller à la sûreté nationale menacée par une attaque ou un danger extérieur.

Art. 7. — Les actes publics et procédés judiciaires d'une province jouissent de foi entière dans les autres ; et le Congrès peut, par des lois générales, déterminer quelle sera la forme de ces actes et procédés, et les effets légaux qu'ils produiront.

Art. 8. — Les citoyens de chacune des provinces jouissent de tous les droits, priviléges et immunités attachés au titre de citoyen dans les autres. L'extradition des criminels est une obligation réciproque entre toutes les provinces confédérées.

Art. 9. — Dans tout le territoire de la Confédération, il n'y aura d'autres douanes que les douanes nationales, qui seront régies par des tarifs sanctionnés par le Congrès.

Art. 10. — Dans l'intérieur de la République, la circulation des effets de production ou de fabrication nationale est libre de tout droit, comme l'est également celle des étoffes et marchandises de toute espèce, introduites par les douanes extérieures.

Art. 11. — Les articles de production ou fabrication nationale ou étrangère, de même que les bestiaux de toute espèce qui passent par le territoire d'une province à une autre, seront libres des droits appelés de transit, comme aussi les équipages ou chariots, navires d'animaux qui servent à leur transport ; et aucun autre droit ne pourra leur être imposé dans l'avenir, pour le fait de traverser le territoire, quel que soit le nom qu'on lui donne.

Art. 12. — Les navires destinés d'une province à une autre ne seront pas obligés d'entrer, de mouiller, et de payer des droits pour leur passage.

Art. 13. — On pourra admettre de nouvelles provinces dans la Confédération ; mais il ne pourra s'ériger une nouvelle province dans le territoire d'une seule, ou plusieurs se réunir en une seule, sans le consentement des assemblées législatives des provinces intéressées et du Congrès.

Art. 14. — Tous les habitants de la Confédération jouissent des droits suivants, conformément aux lois qui déterminent leur exercice ; à savoir : de travailler et exercer toute industrie licite, de naviguer et commercer, et adresser des pétitions aux autorités ; d'entrer, rester, passer et sortir du territoire Argentin ; de publier par la presse ses idées sans censure préalable ; d'user et disposer de sa propriété ; de s'associer dans un but utile ; de professer librement son culte ; d'enseigner et d'apprendre.

Art. 15. — Il n'y a pas d'esclaves dans la Confédération Argentine : le petit nombre qui existent sont libres du jour du serment prêté à cette constitution ; et une loi spéciale déterminera les indemnités auxquelles donnera lieu cette déclaration. Tout contrat de vente ou d'achat de personnes est un crime duquel seront responsables les personnes qui le réalisent et le fonctionnaire public qui y intervient.

Art. 16. — La Confédération Argentine n'admet de prérogatives de sang ni de naissance : il n'y a pas de priviléges de personnes ni de titres de noblesse. Tous ses habitants sont égaux devant la loi, et admis aux emplois sans autre considération que la capacité. L'égalité est la base de l'impôt et des charges publiques.

Art. 17. — La propriété est inviolable, et aucun habitant de la Confédération ne peut en être privé, sinon en vertu de jugements fondés sur la loi. L'expropriation pour cause d'utilité publique doit être déterminée par une loi, et indemnisée au préalable. Le Congrès seul impose les contributions que détermine l'art. 4. Aucun service personnel n'est exigible, sinon en vertu d'une loi ou de jugement fondé sur la loi. Tout auteur ou inventeur est propriétaire exclusif de son œuvre, invention ou découverte, pour le temps concédé par la loi. La confiscation des biens est abolie pour toujours dans le code pénal argentin. Aucun corps armé ne peut faire de réquisition, exiger de secours d'aucune espèce.

Art. 18. — Aucun habitant de la Confédération ne peut être puni sans jugement préalable, fondé sur une loi antérieure au fait du procès, ni jugé par des commissions spéciales, ou privé des juges désignés par la loi avant le fait de la cause. Personne ne peut être obligé à déclarer contre soi-même ; ni être arrêté, sinon en vertu d'un ordre écrit de l'autorité compétente. La défense de la personne et des droits est inviolable dans le procès. Le domicile est inviolable, de même que la correspondance épistolaire et les papiers privés ; une loi déterminera dans quels cas et comment l'on pourra procéder pour les saisir. Sont abolies pour toujours la peine de mort en matière politique, toute espèce de torture, la flagellation et les exécutions au moyen de la lance et du couteau. Les prisons de la Confédération seront saines et propres, établies pour la garde, et non pour le châtiment des coupables qui y sont détenus, et le juge qui autoriserait toute mesure qui, sous prétexte de précaution, servirait à gêner les prisonniers au delà de ce qui est nécessaire à leur garde en sera responsable.

ART. 19. — Les actions privées des hommes qui n'offensent ni l'ordre ni la morale publique, ou ne font point tort à autrui, sont seulement justiciables de Dieu, et en dehors de l'autorité des magistrats. Aucun habitant de la Confédération ne sera obligé de faire ce que n'ordonne pas la loi, ou privé de ce qu'elle ne prohibe pas.

ART. 20. — Les étrangers jouissent, dans le territoire de la Confédération, de tous les droits civils des citoyens ; ils peuvent exercer leur industrie, commerce et profession ; posséder des biens fonciers, les acheter, les vendre ; naviguer sur les fleuves et côtes ; exercer librement leur culte ; tester et se marier suivant les lois. Ils ne sont pas obligés à admettre la naturalisation, ni à payer des contributions forcées extraordinaires. Ils obtiennent la naturalisation par deux années de résidence non interrompues dans la Confédération, mais l'autorité peut diminuer ce temps en faveur de celui qui le demande pour services rendus à la République.

ART. 21. — Tout citoyen argentin est obligé de s'armer pour la défense de la patrie et de cette Constitution, conformément aux lois qu'à cet effet dictera le Congrès et aux décrets du Pouvoir exécutif national. Les citoyens naturalisés sont libres de prendre ou non du service pendant le terme de dix ans, comptés du jour où ils obtiennent la naturalisation.

ART. 22. — Le peuple ne délibère ni ne gouverne, sinon par le moyen de ses représentants et des autorités créées par cette Constitution. Toute force armée ou réunion de personnes qui s'arroge les droits du peuple et pétitionne en son nom commet un délit de sédition.

Art. 23. — En cas de commotion intérieure ou d'attaque extérieure qui mette en danger l'exercice de cette Constitution et des autorités créées par elle, on déclarera en état de siége la province ou territoire où existe la perturbation de l'ordre, suspendant dans ces lieux les garanties constitutionnelles. Mais pendant cette suspension, le président de la République ne pourra condamner par lui-même ni appliquer aucune peine. Son pouvoir se limitera dans ce cas, quant aux personnes, à les arrêter ou les transporter sur un autre point de la Confédération, si elles ne préféraient sortir du territoire argentin.

Art. 24. — Le Congrès prendra l'initiative de la réforme de la législation actuelle dans toutes ses branches et l'établissement du jugement par des jurés.

Art. 25. — Le Gouvernement fédéral encouragera l'émigration européenne, et ne pourra restreindre, limiter ou charger d'aucun impôt l'entrée dans le territoire argentin des étrangers qui ont pour but de travailler la terre, d'améliorer les industries et d'introduire et enseigner les sciences et les arts.

Art. 26. — La navigation des fleuves intérieurs de la Confédération est libre pour tous les pavillons, avec la seule soumission aux règlements dictés par l'autorité nationale.

Art. 27. — Le Gouvernement fédéral est obligé d'assurer ses relations de paix et de commerce avec les puissances étrangères, au moyen de traités qui soient en conformité avec les principes du droit public établis par cette Constitution.

Art. 28. — Les principes, garanties et droits reconnus

dans les articles antérieurs ne pourront être altérés par des lois qui déterminent leur exercice.

Art. 29. — Le Congrès ne peut donner au Pouvoir exécutif national, ni les Chambres législatives provinciales, aux gouverneurs de province des *facultés extraordinaires*, ni *la somme du pouvoir public,* ni leur accorder *soumission* ou *suprématie,* par lesquelles la vie, l'honneur ou la fortune des Argentins soient à la merci du Gouvernement ou d'autres personnes. Des faits de cette nature entraîneraient avec eux une nullité absolue, et soumettent ceux qui les proposent, consentent ou signent, à la responsabilité et aux peines réservées aux infâmes, traîtres à la patrie.

Art. 50. — La Constitution peut être réformée dans son tout, ou dans quelqu'une de ses parties, après dix ans à dater du jour où la Constitution sera jurée par le peuple. La nécessité de réformes doit être déclarée dans le Congrès par le vote des deux tiers de ses membres au moins, mais elle n'aura lieu que dans une Convention convoquée à cet effet.

Art. 51. — Cette Constitution, les lois de la Confédération que, en vertu d'icelle, dictera le Congrès, et les traités avec les puissances étrangères, sont des lois suprêmes de la Nation; et les autorités de chaque province sont obligées à s'y conformer, malgré les dispositions contraires que contiendraient les lois ou constitutions provinciales.

SECONDE PARTIE.

AUTORITÉS DE LA CONFÉDÉRATION.

TITRE PREMIER.

GOUVERNEMENT FÉDÉRAL.

SECTION PREMIÈRE. — DU POUVOIR LÉGISLATIF.

ART. 52. — Un Congrès composé de deux Chambres, une de Députés de la Nation, et une autre de Sénateurs des provinces et de la capitale, sera investi du pouvoir législatif de la Confédération.

CHAPITRE PREMIER.

DE LA CHAMBRE DES DÉPUTÉS.

ART. 55. — La Chambre des Députés se compose de Représentants élus directement par le peuple des provinces et de la capitale, que l'on considérera à cette fin comme districts électoraux d'un seul État; et à la simple pluralité des suffrages, à raison de un pour chaque vingt mille habitants, ou d'une fraction qui ne soit pas au-dessous de dix mille.

ART. 54. — Les députés pour la première législature se nommeront dans la proportion suivante : Pour la capitale six (6); pour la province de Buenos-Ayres six (6); pour celle de Cordova six (6); pour celle de Catamarca trois (5); pour celle de Corrientes quatre (4); pour celle d'Entre-Rios deux (2); pour celle de Jujuy deux (2); pour celle de Mendoza trois (5); pour celle de la Rioja deux (2); pour celle de Salta trois (5); pour celle de Santiago quatre (4); pour celle de San-Juan deux (2); pour celle de Santa-Fé deux (2); pour celle de San-Luis deux (2); et pour celle de Tucuman trois (5).

ART. 55. — Pour la seconde législature, on formera le recensement général, et l'on se réglera sur lui pour le nombre de députés, mais ce recensement ne pourra se renouveler que de dix en dix ans.

ART. 56. — Pour être député, il faut avoir vingt-cinq ans accomplis et avoir quatre ans d'exercice du droit de citoyen.

ART. 57. — Pour cette fois, les législatures provinciales détermineront les moyens de rendre effective l'élection directe des députés de la nation : par la suite le Congrès fera une loi générale.

ART. 58. — La durée du mandat des députés est de quatre années; ils sont rééligibles ; mais la Chambre se renouvellera par moitié tous les deux ans ; à cet effet, les députés nommés pour la première législature, immédiatement après s'être réunis, tireront au sort ceux qui doivent sortir au premier terme.

ART. 59. — En cas de vacance, le gouvernement de la province ou de la capitale fera procéder à l'élection légale d'un nouveau député.

ART. 40. — A la Chambre des députés appartient exclusivement l'initiative des lois sur les contributions et le recrutement de troupes.

ART. 41. — Seule elle exerce le droit d'accuser devant

le sénat le président ou le vice-président de la Confédération, et ses ministres, les membres des deux Chambres, ceux de la Cour suprême de justice et les gouverneurs de province, pour délits de trahison, concussion, malversation de fonds publics, violation de la constitution, ou autres crimes passibles de peine infamante ou de mort; après avoir pris connaissance de ces délits, sur la demande d'une partie de la Chambre ou de quelqu'un de ses membres, et déclaré y avoir lieu à la formation de cause par la majorité des deux tiers des membres présents.

CHAPITRE II.

DU SÉNAT.

Art. 42. — Le Sénat se composera de deux sénateurs de chaque province, élus par les législatures à la pluralité des suffrages, et de deux de la capitale élus suivant la forme prescrite pour l'élection du président de la Confédération. Chaque sénateur aura une voix.

Art. 43. — Sont nécessaires pour être élu sénateur : trente années d'âge, avoir été six ans citoyen de la Confédération et jouir d'une rente annuelle de deux mille piastres fortes (10,000 francs) ou d'un revenu équivalent.

Art. 44. — Les sénateurs restent neuf ans dans l'exercice de leur mandat et sont rééligibles indéfiniment; mais le Sénat se renouvellera par tiers tous les trois ans. A la première réunion, le sort décidera ceux qui doivent sortir à la fin du premier et du deuxième terme de trois ans.

Art. 45. — Le vice-président de la Confédération sera président du Sénat; mais il n'aura voix qu'en cas de partage égal de votes.

Art. 46. — Le Sénat nommera un président provisoire qui le préside en cas d'absence du président ou quand il exerce les fonctions de président de la Confédération.

Art. 47. — Au Sénat appartient de juger en séance publique les accusés par la Chambre des députés ; ses membres doivent prêter serment pour cet acte. Lorsque l'accusé est le président de la République, le Sénat sera présidé par le président de la Cour suprême. Personne ne sera déclaré coupable, sinon à la majorité des deux tiers des membres présents.

Art. 48. — Le jugement n'aura d'autre effet que de destituer l'accusé et de le déclarer incapable d'occuper aucun emploi d'honneur, de confiance ou à la solde de la Confédération. Mais la partie condamnée restera, néanmoins, sujette à accusation, jugement et châtiment, conformément aux lois, devant les tribunaux ordinaires.

Art. 49. — Il appartient également au Sénat d'autoriser le président de la Confédération de déclarer l'état de siége sur un ou différents points de la République, en cas d'attaque extérieure.

Art. 50. — Lorsqu'il y aura une place de sénateur vacante, par mort, démission, ou autre cause, le gouvernement auquel appartient la place fera procéder immédiatement à l'élection d'un nouveau membre.

Art. 51. — Le sénat seul peut prendre l'initiative pour les réformes de la Constitution.

CHAPITRE III.

DISPOSITIONS COMMUNES AUX DEUX CHAMBRES.

Art. 52. — Les deux Chambres se réuniront en sessions

ordinaires tous les ans, depuis le 1er de mai jusqu'au 50 septembre. Elles pourront également être convoquées extraordinairement par le président de la Confédération, ou bien être prorogées.

Art. 55. — Chacune des Chambres est juge des élections, droits et titres de ses membres pour leur validité. Aucune d'elles n'entrera en session sans la majorité absolue de ses membres ; mais en cas d'insuffisance de membres, on pourra obliger les membres absents à concourir aux sessions, dans les termes et sous les peines que chacune des Chambres établira.

Art. 54. — Les deux Chambres commenceront et finiront leurs sessions simultanément. Aucune d'elles, pendant qu'elles sont réunies, ne pourra suspendre ses sessions plus de trois jours, sans le consentement de l'autre.

Art. 55. — Chaque Chambre dictera son règlement et pourra, avec la majorité des deux tiers des voix, réprimander un de ses membres pour faute de conduite dans l'exercice de ses fonctions, ou l'éloigner pour incapacité physique ou morale survenue après son incorporation, ou l'expulser de son sein ; mais il suffira de la majorité absolue des membres présents pour décider de la démission volontaire de leur emploi que feraient quelques-uns de ses membres.

Art. 56. — Les sénateurs et députés, au moment de leur incorporation, prêteront serment de remplir dûment leur emploi et d'agir conformément aux dispositions de cette Constitution.

Art. 57. — Aucun des membres du Congrès ne peut être accusé, interrogé judiciairement, ni molesté pour les opinions et discours qu'il émet en remplissant ses fonctions de législateur.

7.

Art. 58. — Aucun sénateur ou député, du jour de son élection jusqu'à celui de la cessation de ses fonctions, ne peut être arrêté, excepté le cas où il serait surpris en flagrant délit dans l'exécution d'un crime qui mérite la peine de mort, ou une peine infamante ou afflictive : dans ce cas, on rendra compte du fait à la Chambre respective, en y joignant le procès-verbal.

Art. 59. — Lorsqu'il se forme une demande par écrit devant la justice ordinaire contre un sénateur ou député, pour délit qui ne soit pas un de ceux stipulés dans l'art. 41, après avoir examiné le fondement de l'instruction en jugement public, chacune des Chambres pourra, à la majorité des deux tiers des voix, suspendre l'accusé de ses fonctions et le mettre à la disposition du juge compétent pour procéder à son jugement.

Art. 60. — Chacune des Chambres peut faire comparaître les ministres du Pouvoir exécutif, pour en recevoir les explications et renseignements qu'elle juge convenables.

Art. 61. — Aucun membre du Congrès ne pourra recevoir d'emploi ou de commission du Pouvoir exécutif sans le consentement préalable de la Chambre à laquelle il appartient, à l'exception des emplois où l'avancement se fait graduellement suivant la loi.

Art. 62. — Les ecclésiastiques réguliers ne peuvent être membres du Congrès, de même que les gouverneurs de province pour la province sous leur commandement.

Art. 63. — Les services des sénateurs et des députés sont payés par le trésor de la Confédération, conformément à la loi.

CHAPITRE IV.

ART. 64. — Il appartient au Congrès :

1° Édicter les lois sur les douanes extérieures, et établir les droits d'importation et d'exportation à payer à ces douanes.

2° Imposer les contributions directes pour un temps déterminé, et proportionnellement égales dans tout le territoire de la Confédération , lorsque la défense , la sécurité commune et le bien général de l'État l'exigent.

3° Contracter des emprunts sur le crédit de la Confédération.

4° Régler l'usage et la vente des terres de propriété nationale.

5° Établir et organiser une Banque nationale dans la capitale et des succursales dans les provinces , avec la faculté d'émettre des billets.

6° Déterminer le payement de la dette intérieure et extérieure de la Confédération,

7° Fixer annuellement le budget des dépenses de l'administration de la Confédération, et approuver ou rejeter le compte de ces dépenses.

8° Accorder des subsides sur le Trésor national aux provinces dont les rentes n'arrivent pas, suivant leurs budgets, à couvrir les dépenses ordinaires.

9° Réglementer la navigation libre des fleuves intérieurs, ouvrir les ports qu'il considère convenables et créer ou supprimer des douanes.

10° Faire frapper la monnaie, fixer sa valeur et celle des

monnaies étrangères ; adopter un système uniforme de poids et mesures pour toute la Confédération.

11° Édicter les codes civil, commercial, pénal et des mines, et spécialement les lois générales pour toute la Confédération, sur les droits de citoyens et la naturalisation, sur les banqueroutes et les falsifications de la monnaie courante et des titres publics de l'État, et celles exigées pour l'établissement du jugement par le jury.

12° Régler le commerce maritime et terrestre avec les nations étrangères, et celui des provinces entre elles.

13° Établir les postes et nommer les courriers généraux de la Confédération.

14° Déterminer définitivement les limites du territoire de la Confédération, ainsi que celles des provinces, en créer de nouvelles, et déterminer par une législation spéciale l'organisation, l'administration et le gouvernement qui doivent régir les territoires nationaux qui resteront en dehors des limites que l'on assignera aux provinces.

15° Pourvoir à la sûreté des frontières, conserver les relations pacifiques avec les Indiens et encourager leur conversion au catholicisme.

16° Pourvoir à ce qui peut amener la prospérité du pays, au progrès et au bien-être de toutes les provinces et à l'instruction, en dictant des mesures d'instruction générale et universitaire, et en encourageant l'industrie, l'immigration, la construction de chemins de fer et de canaux navigables, la colonisation des terres de propriété nationale, l'entrée et l'établissement d'industries nouvelles, l'importation de capitaux étrangers et l'exploration des fleuves intérieurs, par des lois protectrices et par des concessions temporaires, priviléges et encouragements.

17° Établir les tribunaux inférieurs à la Cour suprême de justice, créer et supprimer des emplois, déterminer leurs attributions, donner des pensions, décréter des honneurs et concéder des amnisties générales.

18" Admettre ou rejeter les motifs de démission du président ou du vice-président de la République, déclarer le cas de procéder à l'élection nouvelle, et procéder au scrutin.

19° Approuver ou rejeter les traités conclus avec les autres nations, et les concordats avec le Saint-Siége; et déterminer l'exercice du patronat dans toute la Confédération.

20° Admettre dans la Confédération d'autres ordres religieux en outre de ceux qui existent.

21° Autoriser le pouvoir exécutif à déclarer la guerre ou à faire la paix.

22° Concéder des lettres de marque et de représailles et établir des règlements sur les prises.

23° Fixer la force des troupes de terre et de mer en temps de paix et de guerre; former les règlements et ordonnances pour la direction de ces armées.

24° Autoriser la réunion des milices de toutes les provinces ou d'une partie, lorsque l'exige l'exécution des lois de la Confédération, et qu'il est nécessaire de réprimer des insurrections ou de repousser des invasions. Déterminer l'organisation, l'armement et la discipline de ces milices, et l'administration et la direction de celles qui seraient employées au service de la Confédération, laissant aux provinces la nomination de leurs chefs et officiers, et le soin d'établir dans leurs milices respectives la discipline prescrite par le Congrès.

25° Permettre l'entrée des troupes étrangères dans le territoire de la Confédération, et la sortie des forces nationales.

26° Déclarer l'état de siége d'un ou plusieurs points de

la Confédération, en cas de bouleversement intérieur, et approuver ou suspendre l'état de siége déclaré par le Pouvoir exécutif pendant que les sessions sont fermées.

27° Exercer la législation exclusive dans tout le territoire de la capitale de la Confédération , et sur les autres lieux acquis par vente ou cession dans une quelconque des provinces pour établir des forteresses, arsenaux, magasins ou autres établissements d'utilité nationale.

28° Examiner les constitutions provinciales, les désapprouver si elles ne sont pas conformes aux principes et dispositions de cette Constitution ; et faire toutes les lois et règlements nécessaires pour mettre en exercice les pouvoirs antérieurs et tous les autres concédés par la présente Constitution au gouvernement de la Confédération argentine.

CHAPITRE V.

DE LA FORMATION ET SANCTION DES LOIS.

Art. 65. — Les lois peuvent avoir leur origine dans une Chambre quelconque du Congrès, par projets présentés par leurs membres ou par le pouvoir exécutif ; à l'exception de celles relatives aux objets desquels traitent les art. 40 et 51.

Art. 66. — Le projet de loi approuvé par la Chambre à laquelle il doit son origine passera à l'autre pour sa discussion. Approuvé par les deux Chambres, il passe au Pouvoir exécutif de la Confédération pour son examen , et s'il obtient également son approbation , il le promulguera comme loi.

Art. 67. On considérera comme approuvé par le Pouvoir exécutif tout projet qui ne sera pas renvoyé dans le délai de dix jours pleins.

ART. 68. — Aucun projet rejeté en son entier par une des Chambres ne pourra être représenté dans les sessions de la même année. Mais si seulement il a été augmenté ou corrigé par la Chambre qui l'a revisé, il retournera à celle d'où il émane ; et de là, si les additions ou corrections sont approuvées par la majorité absolue, il passera au Pouvoir exécutif de la Confédération. Si les additions ou corrections étaient rejetées, il retournerait une seconde fois à la Chambre qui l'aurait revisé, et si elles étaient nouvellement sanctionnées par une majorité des deux tiers de ses membres, le projet passerait à l'autre Chambre, et l'on n'admettrait pas que celle-ci désapprouvât les additions ou corrections, si ce n'est à la majorité des deux tiers de ses membres présents.

ART. 69. — Un projet rejeté dans entier tout ou en partie par le pouvoir exécutif retournera, avec les observations correspondantes, à la Chambre qui a donné lieu au projet ; celle-ci le discutera de nouveau, et si elle le confirme à une majorité des deux tiers des voix, il passera de nouveau à l'autre Chambre. Si les deux Chambres le sanctionnent à une majorité des deux tiers des voix, le projet est considéré comme loi, et passe au Pouvoir exécutif pour qu'il soit promulgué. Le vote des deux Chambres sera dans ce cas nominal, par *oui* ou par *non*; et les noms et motifs des votants, ainsi que les objections du Pouvoir exécutif, se publieront immédiatement par la presse. Si les Chambres ne peuvent se mettre d'accord sur les objections, le projet ne pourra être représenté durant les sessions de cette année.

ART. 70. — Dans la sanction des lois, on fera usage de cette formule : — Le Sénat et la Chambre des Députés de la Confédération argentine, réunis en congrès, etc., décrètent ou sanctionnent avec force de loi...

SECTION DEUXIÈME. — DU POUVOIR EXÉCUTIF.

—

CHAPITRE PREMIER.

DE SA NATURE ET DE SA DURÉE.

ART. 71. — Le Pouvoir exécutif de la nation sera exercé par un citoyen avec le titre de *Président de la Confédération argentine.*

ART. 72. — En cas de maladie, absence de la capitale, mort, démission ou destitution du président, le pouvoir exécutif sera exercé par le vice-président de la Confédération. En cas de destitution, mort, démission ou incapacité du président et du vice-président de la Confédération, le Congrès déterminera quel est le fonctionnaire public qui doit occuper la présidence, jusqu'à ce qu'ait cessé la cause ou incapacité, ou qu'un nouveau président soit élu.

ART. 73. — Pour être élu président ou vice-président de la Confédération, il faut être né sur le territoire argentin, ou être fils de citoyen né dans la Confédération, appartenir à la religion catholique apostolique romaine, et posséder toutes les autres qualités requises pour être sénateur.

ART. 74. — Le président et le vice-président sont élus pour six ans, et ne peuvent être réélus, sinon après un intervalle d'une période de six ans.

ART. 75. — Le pouvoir du président de la Confédération cesse le même jour qu'expire la période de six ans, sans qu'aucun accident qui l'ait interrompu puisse être un motif pour la compléter.

ART. 76. — Le président et le vice-président jouissent

d'un traitement payé par le trésor de la Confédération, et qui ne pourra être changé durant la période de leur nomination. Pendant cette période, ils ne pourront exercer d'autre emploi, ni recevoir aucun émolument de la Confédération ou d'aucune province.

Art. 77. — Au moment de prendre possession de leur emploi, le président et le vice-président prêteront serment entre les mains du président du Sénat (la première fois du président du Congrès constituant), le Congrès étant réuni, dans les termes suivants : « Je jure par Dieu Notre-Seigneur « et ces saints Évangiles, de remplir avec loyauté et patrio- « tisme la charge de président (ou vice-président) de la Con- « fédération, et d'observer et faire observer fidèlement la « constitution de la Confédération argentine. Si je ne le fai- « sais pas, que Dieu et la Confédération m'en accusent. »

CHAPITRE II.

DE LA FORME ET DE L'ÉPOQUE DE L'ÉLECTION DU PRÉSIDENT ET DU VICE-PRÉSIDENT DE LA CONFÉDÉRATION.

Art. 78. — L'élection des président et vice-président de la Confédération se fera de la manière suivante. La capitale et chacune des provinces nommeront par vote direct un conseil d'électeurs, égal au double du nombre des députés et sénateurs qu'ils envoient au Congrès, avec les mêmes qualités et sous les mêmes formes que celles prescrites pour l'élection des députés.

Ne peuvent être électeurs ni les députés, ni les sénateurs, ni les employés qui reçoivent traitement du gouvernement fédéral.

Les électeurs réunis dans la capitale de la Confédération

et dans celle de leurs provinces respectives, quatre mois avant que le président achève son temps, procéderont à l'élection des président et vice-président par bulletins signés, indiquant, dans l'un la personne pour laquelle ils votent pour président, et dans un autre celle qu'ils élisent pour vice-président.

On formera deux listes de toutes les personnes élues pour président, et deux autres de celles nommées pour vice-président avec le nombre de voix que chacune d'elles a obtenues. Ces listes seront signées par les électeurs et remises fermées et cachetées (chacune d'elles) au président de la législature provinciale, et dans la capitale, au président du conseil municipal, où elles resteront déposées et fermées; et les deux autres au président du sénat (la première fois au président du Congrès constituant).

Art. 79. — Le président du sénat (la première fois le président du Congrès constituant), lorsque toutes les listes seront réunies, les ouvrira en présence des deux Chambres réunies. Quatre membres tirés au sort, joints aux secrétaires, procéderont au scrutin et annonceront le nombre de suffrages réunis en faveur de chaque candidat pour la présidence et la vice-présidence de la Confédération. Ceux qui réuniront dans les deux cas la majorité absolue de tous les votes seront proclamés immédiatement président et vice-président.

Art. 80. — Dans le cas où, par suite de division des voix, il n'y aura pas de majorité absolue, le Congrès choisira entre les deux personnes qui auront obtenu le plus grand nombre de suffrages. Si la première majorité avait été obtenue par plus de deux personnes, le Congrès choisirait entre toutes. Si la première majorité avait été obtenue par une seule personne, et la seconde par deux ou plusieurs, le Congrès choisirait entre les personnes qui auraient obtenu la première et la seconde majorité.

ART. 81.—Cette élection se fera à la pluralité absolue des suffrages et par vote nominal. Si, après le premier vote, il ne résultait pas de majorité absolue, on procéderait à un second vote entre les deux personnes qui dans la première auraient obtenu le plus grand nombre de voix. En cas d'égalité des suffrages, on procédera à un nouveau vote, et s'il y avait une fois encore égalité de suffrages, le président du sénat (la première fois le président du congrès constituant) déciderait entre les deux candidats. On ne pourra procéder au scrutin et rectification des élections, sans que les trois quarts des membres du Congrès soient présents.

ART. 82. — L'élection du président et vice-président de la Confédération doit être terminée dans une seule session du Congrès : immédiatement après, la presse publiera le résultat et les actes électoraux.

CHAPITRE III.

ATTRIBUTIONS DU POUVOIR EXÉCUTIF.

ART. 83. — Le président de la Confédération possède les attributions suivantes :

1. Il est le chef suprême de la Confédération, et a à sa charge l'administration générale du pays.

2. Il fait les instructions et règlements nécessaires pour l'exécution des lois de la Confédération, veillant à ne pas en altérer l'esprit par des exceptions réglementaires.

3. Il est le chef immédiat et local de la capitale de la Confédération.

4. Il prend part à la formation des lois, conformément à la Constitution, les sanctionne et les promulgue.

5. Il nomme les magistrats de la Cour suprême et des autres tribunaux fédéraux inférieurs, d'accord avec le Sénat.

6. Il fait gracier ou commuer les peines pour délits sujets de la juridiction fédérale, avec information préalable du tribunal correspondant, à l'exception des cas d'accusation par la Chambre des députés.

7. Il concède les pensions, retraites, congés et jouissance de secours, conformément aux lois de la Confédération.

8. Il exerce le droit du patronat national dans la présentation des évêques pour les églises cathédrales, sur les propositions en triple du Sénat.

9. Il concède passage ou retient les décrets des conciles, bulles, brefs et rescrits du Souverain Pontife de Rome, d'accord avec la Cour suprême; il faut une loi lorsqu'ils contiennent des dispositions générales ou permanentes.

10. Il nomme et change les ministres plénipotentiaires et chargés d'affaires, d'accord avec le Sénat, et par lui seul nomme et change les ministres du gouvernement, les employés des secrétariats, les agents consulaires et les autres employés de l'administration dont la nomination n'est pas réglée d'autre manière par cette Constitution.

11. Il fait annuellement l'ouverture des sessions du Congrès, réunies à cet effet dans la salle du Sénat; il rend compte à cette occasion au Congrès de l'état de la Confédération, des réformes promises par la Constitution, et recommande à sa considération les mesures qu'il juge nécessaires et convenables.

12. Il prolonge les sessions ordinaires du Congrès, ou le

convoque en sessions extraordinaires, lorsqu'un grave intérêt d'ordre ou de progrès le réclame.

13. Il fait percevoir les rentes de la Confédération et décrète leur inversion, conformément à la loi ou aux budgets
des dépenses nationales.

14. Il conclut et signe les traités de paix, de commerce, de
navigation, d'alliance, de limites et de neutralité, concordats et autres négociations requises pour la conservation des
bonnes relations avec les puissances étrangères, il reçoit
leurs ministres et admet leurs consuls.

15. Il est commandant en chef de toutes les forces de terre
et de mer de la Confédération.

16. Il pourvoit aux emplois militaires de la Confédération,
d'accord avec le Sénat, dans la concession des emplois ou
grades d'officiers supérieurs de l'armée et de l'escadre; et
par lui seul sur les champs de bataille.

17. Il dispose des forces militaires, maritimes et terrestres,
et règle leur organisation et distribution suivant les nécessités de la Confédération.

18. Il déclare la guerre et concède lettres de marque et de
représailles, avec l'autorisation et approbation du Congrès.

19. Il déclare en état de siége un ou plusieurs points de la
Confédération, en cas d'attaque extérieure, et pour un terme
limité, d'accord avec le Sénat. En cas de troubles intérieurs,
il jouira de cette autorité par lui seul, lorsque le Congrès
n'est pas réuni, attribution appartenant d'ailleurs à ce
corps. Le président l'exerce dans les limites prescrites par
l'article 23.

20. Quand même le Congrès serait réuni, dans les cas
urgents dans lesquels la tranquillité publique est en danger, le président peut par lui seul user sur les personnes de

8.

la faculté déterminée dans l'article 25, en rendant compte au Congrès, dans le délai de dix jours à compter du jour où il en a fait usage. Mais si le Congrès ne fait pas une déclaration d'état de siége, les personnes arrêtées ou transportées d'un point à un autre seront restituées à la jouissance entière de leur liberté, à moins qu'elles n'aient été mises en jugement ou qu'elles ne dussent rester arrêtées en vertu de dispositions du juge ou du tribunal qui est saisi de la cause.

21. Il peut demander aux chefs de toutes les branches et départements de l'administration, et, par leur entremise, à tous les autres employés, les renseignements qu'il croit convenables, et ils sont obligés de les lui donner.

22. Il ne peut s'absenter du territoire de la capitale sans la permission du Congrès. Lorsque celui-ci n'est pas réuni, il ne pourra s'absenter sans permission qu'en cas d'objets graves de service public.

25. Dans tous les cas où, suivant les articles précédents, le Pouvoir exécutif doit procéder d'accord avec le Sénat, il pourra, pendant l'absence de celui-ci, procéder par lui seul, en rendant compte toutefois des mesures adoptées, à la prochaine réunion du Sénat, afin d'obtenir son approbation.

CHAPITRE IV.

DES MINISTRES DU POUVOIR EXÉCUTIF.

ART. 84. Cinq ministres-secrétaires, savoir : de l'intérieur, — des affaires étrangères, — des finances, — de justice, culte et instruction publique — et de guerre et marine, auront à leur charge l'expédition des affaires de la Confédération, contre-signeront et légaliseront les actes du président par leur signature, sans laquelle ils manquent de valeur. Une loi marquera les branches qui sont du ressort de chacun des ministères.

Art. 85. — Chacun des ministres est responsable des actes qu'il légalise, et solidairement de ceux qu'il arrête avec ses collègues.

Art. 86. — Les ministres ne peuvent par eux-mêmes, dans aucun cas, prendre de résolutions sans l'ordre ou le consentement préalable du président de la Confédération, à l'exception de ce qui regarde l'ordre économique et administratif de leurs départements respectifs.

Art. 88. — Ils ne peuvent être ni sénateurs ni députés sans donner la démission de leurs emplois de ministres.

Art. 89. — Les ministres peuvent assister aux sessions du Congrès, prendre part aux débats, mais non voter.

Art. 90. — Ils jouiront, pour leurs services, d'un traitement établi par la loi, et qui ne pourra être augmenté ni diminué pendant la durée de leurs fonctions.

SECTION TROISIÈME. — DU POUVOIR JUDICIAIRE.

CHAPITRE PREMIER.

DE SA NATURE ET DE SA DURÉE.

Art. 91. — Le pouvoir judiciaire de la Confédération est exercé par une Cour suprême de justice, composée de neuf juges et deux procureurs fiscaux, qui auront leur domicile dans la-capitale, et par les autres tribunaux inférieurs que le Congrès établira dans le territoire de la Confédération.

Art. 92. — Dans aucun cas, le président de la Confédération ne pourra exercer des fonctions judiciaires, s'arroger la connaissance des causes pendantes ou remettre en question celles qui auront été jugées.

Art. 93. — Les juges de la Cour suprême et des tribunaux inférieurs de la Confédération conserveront leurs emplois aussi longtemps que leur conduite sera irréprochable; ils recevront pour leurs services un traitement que la loi fixera, et qui ne pourra être diminué d'aucune manière pendant la durée de leurs fonctions.

Art. 94. — Personne ne pourra être membre de la Cour suprême de justice sans être avocat de la Confédération, avec huit ans d'exercice, et posséder les qualités requises pour être sénateur.

Art. 95. — A la première installation de la Cour suprême, les personnes nommées prêteront serment entre les mains du président de la Confédération de remplir leurs obligations, en rendant bonne et exacte justice, conformément aux lois et à ce que prescrit la constitution. Pour la suite, il prêteront le serment entre les mains du président de la même Cour.

Art. 96. — La Cour suprême dictera son règlement intérieur et économique et nommera tous ses employés subalternes.

CHAPITRE II.

ATTRIBUTIONS DU POUVOIR JUDICIAIRE.

Art. 97. — Appartiennent à la Cour suprême et aux tribunaux inférieurs de la Confédération : la connaissance et décision de toutes les causes qui roulent sur les points régis par la Constitution, par les lois de la Cònfédération et par les traités avec les nations étrangères; celle des conflits entre les différents pouvoirs publics d'une même province; celle des causes relatives aux ambassadeurs, ministres publics et consuls étrangers; celle des causes de l'amirauté et de la juridiction maritime; celle des recours en abus de pouvoir; des affaires dans lesquelles la Confédération est partie; des causes suscitées entre deux ou plusieurs provinces; entre une province et les habitants voisins d'autre province; entre les habitants voisins de différentes provinces; entre une province et sés habitants; entre une province et un État ou citoyen étranger.

Art. 98. — Dans ces cas, la Cour de justice exercera sa juridiction par appel, suivant les règles et exceptions que prescrira le Congrès. Mais dans toutes les affaires concernant les ambassadeurs, ministres et consuls étrangers, dans celles où une province serait partie, et dans la décision des conflits entre les pouvoirs publics d'une même province, elle exercera son autorité dès son origine, et exclusivement.

Art. 99. — Tous les jugements criminels ordinaires qui ne dérivent pas du droit d'accusation concédé à la Chambre des Députés se feront par jurés, aussitôt que s'établira cette institution dans la Confédération. Ces jugements auront lieu dans la province même où se commettrait le délit; mais lorsqu'il se commet hors des limites de la Confédération, contre le droit des gens, le congrès déterminera par une loi spéciale le lieu où devra se poursuivre le jugement.

Art. 100. — La trahison contre la Confédération consiste uniquement à prendre les armes contre elle, ou à s'unir à ses ennemis en leur prêtant aide et secours. Le congrès déterminera par une loi spéciale la peine de ce délit; mais elle se limitera à la personne du délinquant, et l'infamie du coupable ne se transmettra pas à ses parents à quelque degré que ce soit.

TITRE DEUXIÈME.

GOUVERNEMENTS DE PROVINCE.

ART. 101. — Les provinces conservent tout le pouvoir non délégué par cette Constitution au gouvernement fédéral.

ART. 102. — Elles se donnent leurs institutions locales et se gouvernent par elles-mêmes. Elles élisent leurs gouverneurs, leurs législateurs et les autres fonctionnaires de province, sans intervention du gouvernement fédéral.

ART. 103. — Chacune des provinces fait sa constitution, et avant de la mettre en exercice la remet au Congrès pour son examen, conformément aux dispositions de l'article 5.

ART. 104. — Les provinces peuvent conclure des traités partiels ayant pour objet l'administration de la justice, des intérêts économiques et d'utilité commune, avec connaissance du Congrès fédéral, et encourager l'industrie, l'émigration, la construction de chemins de fer et canaux navigables, la colonisation des terres de propriété provinciale, l'introduction et l'établissement d'industries nouvelles, l'importation de capitaux étrangers et l'exploration de ses fleuves, par des lois protectrices, et avec ses ressources propres.

ART. 105. — Les provinces n'exercent pas le pouvoir délégué à la Confédération. Elles ne peuvent conclure des traités particiels de caractère politique, ni dicter des lois sur le commerce ou la navigation intérieure ou extérieure, ni établir des douanes provinciales, ni battre monnaie, ni établir des banques avec faculté d'émettre des billets, sans autorisation du Congrès fédéral, ni dicter de code civil, commercial, pénal ou des mines, sans que le Congrès les ait sanctionnés; ni dicter des lois sur la citoyenneté et la naturalisation, les banqueroutes, la falsification des monnaies ou titres de l'État; ni établir des droits de tonnage, ni armer des navires de guerre ni lever des armées, sauf le cas d'invasion extérieure ou de danger si imminent qu'il n'admette aucun retard, et en rendant aussitôt compte au gouvernement fédéral; ni nommer ou recevoir des agents étrangers; ni admettre de nouveaux ordres religieux.

ART. 106. — Aucune province ne peut déclarer ou faire la guerre à une autre province. Ses plaintes doivent être soumises à la Cour suprême de justice et réglées par elle. Les hostilités de fait sont des actes de guerre civile, qualifiés de sédition ou révolte, que le gouvernement fédéral doit étouffer et réprimer conformément à la loi.

ART. 107. — Les gouverneurs de province sont les agents naturels du gouvernement fédéral pour faire exécuter la constitution et les lois de la Confédération.

Donné en la salle des sessions du Congrès général constituant, en la cité de Santa-Fé, le 1er jour de mai de l'an du Seigneur 1853.

Ont signé : FACUNDO ZUVIRIA, président;

PEDRO CENTENO; — PEDRO FERRÉ; — JUAN DEL CAMPILLO; — SANTIAGO DERQUI; — PEDRO DIAZ COLODRERO; — LUCIANO TORRENT; — JUAN-MARIA GUTIERREZ; — JOSÈ QUINTANA; —

Manuel Padilla; — Martin Zapata; — Augustin Delgado; — Regis Martinez; — Salvador-Martin del Carrel; — Ruperto Godoy; — Delfino-B. Huergo; — Juan Llerena; — Juan-F. Segui; — Manuel Leiva; — Benjamin-J. Lavaisse; — Jose-Benjamin Gorostiaga; — Fr.-J.-Manuel Perez; — Sebastian Zavalia;

Jose-Maria Zuviria, secrétaire.

LOI SUR LA CAPITALE.

Le Congrès général constituant a sanctionné, avec la condition qu'elle contient, avec force de loi, ce qui suit:

Art. 1er. — Conformément à l'article 5, partie Ire de la constitution, la cité de Buenos-Ayres est la capitale de la Confédération.

Art. 2. — Tout le territoire qui est compris entre le fleuve de la Plata et celui de las Conchas jusqu'au pont de Marquez, et depuis ce point tirant une ligne sud-est jusqu'à rencontrer sa perpendiculaire depuis le fleuve de Santiago, comprenant le havre de Baragan, les deux rades Martin-Garcia et les canaux qu'elles dominent, appartient à la capitale et est fédéralisé.

Art. 3. — La capitale et le territoire signalé dans l'article antérieur sont sous la direction immédiate et exclusive de la législature et du président de la Confédération.

Art. 4. — Tous les établissements publics de la capitale sont fédéraux.

Art. 5. — La Confédération se substitue dans toutes les actions et dans tous les devoirs et charges contractés par la province de Buenos-Ayres, et garantit sa monnaie circulante.

Art. 6. — La province de Buenos-Ayres sera invitée à s'installer et constituer, conformément à la constitution dans le territoire restant de la même province.

Art. 7. — La province de Buenos-Ayres sera invitée dans la meilleure forme qu'il se pourra, par le moyen d'une commission prise dans le sein du Congrès, à examiner et accepter la Constitution de la Confédération et la présente loi organique.

Art. 8. — Dans le cas imprévu où la province de Buenos-Ayres refuserait d'accepter la constitution et la présente loi, le Congrès général constituant sanctionnera une loi provisoire pour pourvoir à la capitale de la Confédération.

Art. 9. — Porter la connaissance de la présente loi au directeur provisoire.

Santa-Fé, 1er mai 1855.

Facundo Zuviria, président ;

Jose-Maria Zuviria, secrétaire.

LOI SUR LA CAPITALE PROVISOIRE.

Le Congrès général constituant de la Confédération Argentine a sanctionné, avec valeur et force de loi, le décret suivant :

Art. 1er. — La capitale provisoire de la Confédération sera la cité capitale de la province où le gouvernement fédéral fixera sa résidence pendant tout le temps qu'il y réside.

Art. 2. — La province dont la capitale se trouvera dans le cas de l'article antérieur sera fédéralisée par les moyens constitutionnels.

Art. 5. — La présente loi n'a pas de caractère permanent, et elle sera revisée par les Chambres législatives.

Art. 4. — Communiquer au gouvernement national délégué, etc., etc.

Salle des sessions, en Santa-Fé, 15 décembre 1855.

SANTIAGO DERQUI, président ;

JUAN DEL CAMPILLO, député, secrétaire intérim.

DÉCRET DÉSIGNANT LA CAPITALE PROVISOIRE.

DÉPARTEMENT
DE L'INTÉRIEUR.

Parana, 24 mars 1854.

LE VICE-PRÉSIDENT de la Confédération Argentine,

A résolu et décrète :

ART. 1er. — La ville du Parana, capitale de la province d'Entre-Rios, où a fixé sa résidence le gouvernement fédéral, est désignée pour capitale provisoire de la Confédération Argentine.

ART. 2. — Étant remplies les prescriptions requises par la loi du 13 décembre 1853, donnée par le souverain Congrès général constituant, est déclarée fédéralisée la province d'Entre-Rios dans toute son étendue, et sujette à la juridiction immédiate de la législature nationale et du Président de la Confédération, dans toutes les branches de son administration.

ART. 3. — Porter à la connaissance de toutes les corporations, tribunaux et chefs d'administration de cette province, pour qu'ils se mettent à la disposition du ministère correspondant.

ART. 4. — Les ministres, dans leurs départements respectifs, adresseront dès à présent à ces corporations, tribunaux et administrations, les ordres qu'exige le service public.

ART. 5. — Le ministre de l'intérieur est spécialement

chargé de l'exécution de ce décret, qu'il communiquera à ceux à qui il appartient, et il sera inséré au registre officiel.

CARRIL.

JOSÈ-BENJAMIN GOROSTIAGA.

TRAITÉ

POUR LA LIBRE NAVIGAVION DES FLEUVES PARANA ET URUGUAY, ENTRE LA CONFÉDÉRATION ARGENTINE ET S. M. L'EMPEREUR DES FRANÇAIS.

Au Nom de la Très-Sainte Trinité.

Son Ex. M. le directeur provisoire de la Confédération Argentine et Sa Majesté l'Empereur des Français,

Désirant resserrer les liens d'amitié qui si heureusement existent entre leurs États et pays respectifs, et convaincus que d'aucune manière ils ne pourraient atteindre ce résultat, sinon en prenant de commun accord toutes les mesures propres à faciliter et augmenter les relations commerciales,

Ont résolu de fixer par un traité les conditions de la libre navigation des fleuves Parana et Uruguay, et éloigner ainsi les obstacles qui jusqu'à présent ont entravé cette navigation.

A cet effet, ils ont nommé pour leurs plénipotentiaires, savoir :

Son Ex. M. le directeur provisoire de la Confédération Argentine, MM. D. Salvador-Maria del Carril et D José-Benjamin Gorostiaga ;

Et Sa Majesté l'Empereur des Français, M. le chevalier de Saint-Georges, officier de l'ordre impérial de la Légion d'honneur, commandeur de l'ordre impérial du Christ du Brésil, son envoyé extraordinaire et ministre plénipotentiaire, en mission extraordinaire et spéciale près de la Confédération Argentine.

Lesquels, après avoir échangé leurs pleins pouvoirs, et les avoir trouvés en bonne et due forme, ont arrêté les articles suivants :

Art. 1er. — La Confédération Argentine, en exercice de ses droits souverains, permet la libre navigation des fleuves Parana et Uruguay, dans toute la partie de leur cours qui lui appartient, aux navires marchands de toutes les nations, avec l'unique sujétion aux conditions établies par ce traité et aux règlements sanctionnés ou qui, dans l'avenir, se sanctionneraient par l'autorité nationale de la Confédération.

Art. 2. — Par conséquent, lesdits navires seront admis à séjourner, charger et décharger dans les lieux et ports de la Confédération Argentine, ouverts à cet objet.

Art. 3. — Le gouvernement de la Confédération Argentine, désirant procurer toute facilité à la navigation intérieure, s'engage à maintenir des bouées et marques qui signalent les canaux.

Art. 4. — Il sera établi par les autorités compétentes de la Confédération un système uniforme pour la perception des droits de douane, de port, de fanal, de police et pilotage dans tout le cours des eaux qui appartiennent à la Confédération.

Art. 5. — Les hautes parties contractantes, reconnaissant que l'île de Martin-Garcia peut, par sa position, entraver et empêcher la libre navigation des affluents du Rio de la

Plata, conviennent d'employer leur influence pour que la possession de cette île ne soit retenue ni conservée par aucun État du Rio de la Plata ou de ses affluents qui n'aurait pas donné son adhésion au principe de sa libre navigation.

Art. 6. — S'il arrivait (ce qu'à Dieu ne plaise) que la guerre éclatât entre des États, républiques ou provinces du Rio de la Plata ou de ses affluents, la navigation des fleuves Parana et Uruguay restera libre pour le pavillon marchand de toutes les nations. Il n'y aura pas d'exception à ce principe, sinon pour ce qui est relatif aux munitions de guerre, ainsi que le sont les armes de toute espèce, la poudre, le plomb et les boulets.

Art. 7. — On réserve particulièrement à Sa Majesté l'Empereur du Brésil et aux gouvernements du Paraguay, de Bolivie et de l'État oriental de l'Uruguay de pouvoir prendre part au présent traité, dans le cas où ils seraient disposés à appliquer ces principes à la partie des fleuves Parana, Paraguay et Uraguay sur laquelle ils peuvent posséder respectivement des droits riverains.

Art. 8. — Les principaux objets en vue desquels les fleuves Parana et Uruguay sont déclarés libres pour le commerce du monde étant de développer les relations commerciales des pays riverains et de favoriser l'immigration, il est convenu qu'il ne sera accordé aucune faveur ou immunité au pavillon ou au commerce de toute autre nation qui ne soient accordés également à ceux de Sa Majesté l'Empereur des Français.

Art. 9. — Le présent traité sera ratifié par Son Ex. M. le directeur provisoire de la Confédération Argentine dans les deux jours de sa date, à la condition de le présenter pour son approbation au premier Congrès législatif de la Confédération, et par Sa Majesté l'Empereur des Français, dans le délai de quinze mois.

Les ratifications devront s'échanger dans les dix-huit mois, dans le lieu de la résidence du gouvernement de la Confédération Argentine.

En foi de quoi, les plénipotentiaires respectifs ont signé le présent traité et l'ont revêtu du sceau de leurs armes.

Fait à San-José de Flores, le dixième jour du mois de juillet de l'an mil huit cent cinquante-trois.

(L. S.) SALVADOR-MARIA DEL CARRIL,
(L. S.) JOSÈ-BENJAMIN GOROSTIAGA,
(L. S.) LE CHEVALIER DE SAINT-GEORGES.

PROPOSITIONS DE L'INGÉNIEUR A. CAMPBELL.

Montevideo, le 11 août 1854.

A S. E. monsieur le ministre de l'Intérieur, D. Josè-Benjamin Gorostiaga.

Par la présente, je propose de faire une reconnaissance pratique d'un chemin de fer du port du Rosario à la ville de Cordova, dans les termes et conditions suivantes :

1° Tracer sur le terrain une ligne expérimentale entre les points ci-dessus mentionnés, dans la direction la plus convenable, prenant sur cette route tous les nivellements nécessaires pour indiquer sur les plans les inégalités de la superficie, les inclinaisons ou pentes, les coupes, les remblais; et recueillir tous les renseignements et données nécessaires, usités dans les reconnaissances préliminaires de l'établissement d'un chemin de fer.

2° Employer et payer tous les ouvriers et pourvoir, à mes frais, à tous les instruments, outils, bagages, moyens de transport et de subsistance.

5° Après l'achèvement de la reconnaissance du chemin, proposer et présenter au gouvernement national les cartes, plans et coupes pour éclairer le travail.

Une carte, sur une échelle convenable, de la partie du pays comprise entre le Rosario et Cordova, sur laquelle le chemin reconnu sera correctement dessiné, et les autres parties de la carte prises aux sources les plus authentiques, afin de la rendre le plus intelligible possible.

Une carte, sur une grande échelle, de la ligne près du Rosario, indiquant son entrée dans cette ville, son union avec le fleuve Parana, les profondeurs du fleuve au point le plus à propos pour l'établissement d'un quai en communication avec le chemin de fer. Également une carte à la même échelle, démontrant l'entrée de la ligne à Cordova et son débouché dans la plaine.

Un profil ou section longitudinale de la voûte entière, construite sur une même échelle horizontale et verticale, pour montrer la forme et les ondulations du terrain, les ruisseaux, etc. — Le nivellement des différents points seront marqués avec les pentes et inclinaisons.

Des sections transversales du chemin dans les remblais et déblais, le plan des ponts pour le chemin de fer, soit que l'on emploie pour moteur la vapeur ou les chevaux.

4° Présenter, sur les plans ci-dessus mentionnés, un mémoire entier et complet sur le projet, avec le devis des dépenses, dans les cas que l'on admette la vapeur ou les chevaux comme moteurs ; et quelques vues générales résultant des observations faites pendant les travaux, de même que la statistique du commerce.

5° Le gouvernement me donnera une escorte militaire suffisante et convenable pour protéger les ingénieurs dans certaines parties du chemin où ils peuvent être exposés aux attaques des Indiens sauvages.

6° Tous les instruments et outils importés pour la reconnaissance et tous les meubles et bagages des ingénieurs seront admis libres de droits.

7° Le gouvernement, par le moyen de ses officiers et agents et des autorités provinciales, me donnera une protection juste et rationnelle pour l'obtention des données nécessaires et le bon résultat du projet.

8° En récompense de ces services, antérieurement énoncés, le gouvernement me payera quarante mille piastres fortes en onces d'or (200,000 fr.), de la manière suivante :

Trois mille piastres d'avance pour frais préparatoires pour l'exécution du contrat et trois mille mensuellement pendant neuf mois, à compter du jour où commenceront les travaux de reconnaissance, et le surplus de la somme au moment de remettre les plans et mémoires mentionnés.

Les onces d'or calculées à raison de dix-sept piastres.

Allan Campbell.

Parana, 5 septembre 1854.

Vu la proposition de l'ingénieur D. Allan Campbell, et considérant :

1° Qu'une des premières obligations du gouvernement

national est de doter la Confédération de voies publiques qui, activant le commerce des provinces les unes avec les autres, donnent valeur à la production, attirent la population et contribuent à réaliser la Constitution politique qu'elle s'est donnée ;

2° Que parmi les ouvrages de communication qui peuvent s'entreprendre, aucun n'est aussi important que le chemin de fer entre la ville de Rosario et celle de Cordova ;

3° Que pour préparer dès à présent cette utile entreprise, il est nécessaire de procéder à l'étude complète du terrain, à la formation des plans, devis et autres objets que détaille dans ses propositions l'ingénieur Campbell, dont la présence dans la Plata est une circonstance qui ne doit pas être perdue, vu les preuves de capacité qu'il a données pour ce genre de travaux dans les deux Amériques ;

4° Que les sommes que le gouvernement dépense dans ces travaux préparatoires doivent être considérées comme anticipations faites à la compagnie ou aux entrepreneurs auxquels le gouvernement fédéral concédera la construction du chemin de fer du Rosario à Cordova, avec la condition de les lui rembourser, ou de le considérer actionnaire pour ces mêmes sommes,

Le président de la Confédération Argentine a accordé et décrète :

Art. 1er. — Sont admises les propositions précédentes, comprenant 8 articles, pour les travaux d'un chemin de fer de Cordova au Rosario, présentées par l'ingénieur D. Allan Campbell.

Art. 2. — L'intéressé sera invité à passer dans cette capitale, pour dresser l'acte notarié de ses propositions, après quoi il en sera donné connaissance au ministère des finances et à celui de guerre et marine, pour l'exécution des obligations imposées au gouvernement.

Rendre compte aux Chambres législatives, publier et inscrire au registre officiel le présent décret.

URQUIZA.
JOSÈ-B. GOROSTIAGA.

CONTRAT DE COLONISATION

PASSÉ ENTRE M. BROUGNES ET LE GOUVERNEMENT DE CORRIENTES.

Loi de la Chambre des Représentants de la province de Corrientes.

Séance du 25 janvier 1855.

L'honorable Chambre permanente de la province de Corrientes, vu les propositions et projets de colonisation que le pouvoir exécutif lui a soumis ; considérant que le bien-être, la prospérité, le développement matériel de la province résulteront de l'augmentation de la population agricole et industrielle européenne ; en second lieu, désirant voir se réaliser le plus promptement possible le bien que l'immigration européenne, introduite sur une grande échelle, produira au pays par son travail, son intelligence, sa moralité, ses capitaux, décrète ce qui suit, avec toute la valeur et la force de loi :

Article 1er. — Le pouvoir exécutif est autorisé à traiter, passer et ratifier des contrats tendant à favoriser l'immigration et à introduire dans la province, sur une vaste échelle, des immigrants agricoles et industriels européens.

La présente loi sera soumise au pouvoir exécutif.

JEAN PHILIPPE GRAMAGO, président ;

MANUEL-JOSEPH RUDA, secrétaire.

Corrientes, le 25 janvier 1855.

La présente loi sera publiée et promulguée ; il en sera accusé réception.

JEAN PUJOL, gouverneur.

Le secrétaire général du gouvernement,
GRÉGOIRE VALDÈS.

Conforme,
MARTIN BLANCO, premier commis.

CONTRAT.

En la ville de Corrientes, capitale de la province du même nom, le 29 janvier 1855, par-devant moi, notaire public et du gouvernement, et les témoins soussignés, ont comparu le sieur Grégoire Valdès, secrétaire du gouvernement, et le docteur Auguste Brougnes, propriétaire à Caixon, département des Hautes-Pyrénées (France), lesquels je certifie connaître, ont déclaré, le premier, qu'il avait été délégué par Son Excellence le gouverneur et capitaine-général de la province, don Juan Pujol, pour s'entendre avec le docteur Brougnes, relativement à un établissement de colonies agricoles dans la province, et traduire la convention sous forme d'acte public ; le second, qu'il accepte la présente déclaration et reconnaît le secrétaire susnommé pour légitime représentant du gouvernement ; en vertu de ce, les deux parties contractantes sont convenues de ce qui suit :

Article 1er. — M. le secrétaire Valdès dit que le gouvernement de sa patrie, désirant favoriser et développer dans la province toutes les classes d'industrie, et particulièrement l'agriculture, comme véritables sources de la richesse d'un pays, autorise M. Brougnes à introduire dans le territoire de la province mille familles appartenant à cette dernière industrie, et composées chacune de cinq personnes, que M. Brougnes conduira aux lieux d'exploitation, avec cette clause, que si le gouvernement de Corrientes, au moment de l'arrivée des familles au Rio de la Plata, possédait un navire à vapeur sur quelque point de la République argentine, il le mettra à la disposition de M. Brougnes pour remorquer les navires de transport des passagers jusqu'aux lieux d'exploitation.

Art. 2. — La majeure partie des cinq personnes qui composeront la famille agricole seront mâles, capables de travailler et âgées de dix ans au moins. Le père de famille restant libre toutefois d'emmener un plus grand nombre de personnes.

Art. 3. — Deux familles distinctes associées par un acte authentique et formant entre elles le nombre de cinq travailleurs, seront admises au même titre qu'une seule famille, et dès lors jouiront des mêmes priviléges concédés à cette dernière.

Art. 4. — M. Brougnes s'engage à transporter les mille

familles ci-dessus par groupes de deux cents familles, le premier, dans l'espace de deux ans, et les autres en dix ans à partir de la date du contrat.

ART. 5. — Chaque groupe de deux cents familles sera destiné à former une colonie sous la direction de M. Brougnes ou d'un chargé de ses pouvoirs, restant libre ledit sieur Brougnes de faire, pour son propre compte, avec chacune des familles telles conventions qu'il jugera convenable (1).

ART. 6. — Le terrain destiné par le gouvernement de Corrientes à l'établissement des colonies sera choisi par le sieur Brougnes sur toutes les terres que l'État possède sur les rives du Parana et de l'Uruguay, dans la contrée désignée sous le nom de Missions.

ART. 7. — Le gouvernement de Corrientes, au nom de la province qu'il administre, alloue à chaque famille agricole, sur les terrains choisis par M. Brougnes, vingt cuadres carrées de terrain de cent cinquante vares de côté (2). Ce terrain appartiendra en toute propriété à la famille agricole, après cinq ans à partir de son arrivée sur les lieux d'exploitation; cette concession est faite par le gouvernement de Corrientes, en échange des avantages que procurera au pays l'industrie des colons.

ART. 8. — Chaque colonie se formera en deux sections se faisant face, de cent familles chaque section, lesquelles s'étendront sur une longueur de cent cuadres. En vue d'aug-

---

(1) Par l'article 5, M. Brougnes a le droit de faire avec les familles agricoles les conventions qu'il lui conviendra ; néanmoins, il fut tacitement convenu entre le gouvernement de Corrientes et l'entrepreneur que celui-ci ne retirerait d'autre bénéfice que le tiers des produits annuels du sol de chaque famille pendant cinq ans seulement, de manière que les familles soient après cinq ans dégagées de tout compromis soit avec le gouvernement, soit avec l'entrepreneur.

(2) Trente-trois hectares vingt-huit ares.

menter la population de la colonie, le terrain intermédiaire aux deux sections sera vendu par le gouvernement aux personnes qui voudront y construire des maisons. Il reste convenu toutefois que la moitié du produit de la vente sera versée dans la caisse de l'État, et l'autre moitié dans la caisse communale de la colonie, pour servir à ses besoins et améliorations. Le terrain situé entre la colonie et le fleuve aura la même destination.

ART. 9. — Le gouvernement de Corrientes alloue également à chaque colonie, à titre de terrain communal, quatre licues carrées de terrain s'étendant autour des propriétés particulières des colons. Ce terrain communal reste inaliénable.

ART. 10. — Indépendamment des concessions mentionnées, le gouvernement de Corrientes fournira, à titre d'avance, à chaque famille une habitation en bois (rancho) composée de deux pièces carrées de cinq vares de côté; une de ces pièces aura une porte, l'autre une croisée; le tout évalué à cinquante patacons (250 francs); il fournira aussi à chaque famille six barriques de farine de huit arrobes chacune (1,200 livres), des semences de coton et de tabac pour semer une cuadre carrée de chacune de ces plantes, quatre fanègues (5 hectolitres) de froment, et une de maïs également; pour semences des plantes de canne à sucre pour une cuadre; il fournira aussi à chaque famille douze têtes de bétail, savoir : huit vaches pour la production, deux chevaux ou juments, deux bœufs pour les travaux de labour.

ART. 11. — Les familles agricoles-seront établies aux conditions suivantes : les avances ci-dessus mentionnées seront restituées par chaque famille au gouvernement deux ans après leur livraison, observant toutefois que si les récoltes des colons étaient mauvaises pendant les deux premières années, la restitution ne se fera qu'après la troisième année ; mais alors aussi l'établissement colonial suivant, au lieu de se former deux ans après le premier, ne se formera que la troisième année, de manière que les avances faites aux colons de la première colonie puissent servir à l'établissement de la seconde, et ainsi successivement jusqu'à ce que l'État soit remboursé par la dernière colonie, laquelle remboursera en argent sur le pied de deux cents patacons (1,000 francs) par famille.

ART. 12. — Les colons défricheront les terrains concédés. Chaque famille cultivera la moitié dudit terrain en coton, tabac, cannes à sucre, froment, maïs.... Le colon usera de l'autre moitié comme bon lui semblera.

ART. 13. — Les colonies établies dans la province dépendront d'elle, et ne pourront appartenir d'aucune manière à un autre État ou nation. Elles seront administrées, civilement et judiciairement, conformément aux lois du pays, par un juge de paix nommé par le gouvernement et choisi parmi les colons ou parmi les fils du pays.

ART. 14. — Les colons auront le droit d'élire une commission coloniale, composée de dix membres pris parmi les colons eux-mêmes. Cette commission sera chargée d'aider le juge de paix dans ses fonctions judiciaires, lorsqu'il y aura lieu de voter les fonds pour les travaux d'intérêt public, et d'adresser des vœux au gouvernement sur les besoins de la colonie et les améliorations à y introduire.

ART. 15. — Les colons exerceront librement leur industrie, en se conformant toutefois aux lois du pays.

ART. 16. — Pendant cinq ans, les colons seront exempts de tout impôt personnel, mobilier ou immobilier.

ART. 17. — Les droits d'importation et d'exportation seront les mêmes dans les ports coloniaux que ceux perçus dans les autres ports habilités de la province.

Art. 18. — Les colons seront exempts du service militaire ; ils pourront toutefois s'organiser en garde nationale pour leur propre défense, leur sécurité et le maintien de l'ordre dans la colonie. Le service de la garde nationale se circonscrira à la colonie même, et il ne lui sera pas permis de se présenter en corps armé au delà d'un rayon d'une lieue à partir de la circonférence du terrain colonial.

Art. 19. — Le sieur Brougnes avisera le gouvernement de Corrientes de la prochaine arrivée des colons quatre mois auparavant, afin que ledit gouvernement ait le temps nécessaire pour construire les habitations et préparer les autres avances.

Art. 20. — Le présent contrat sera soumis à l'approbation de Son Excellence le gouverneur de Corrientes, que représente son secrétaire Valdès, et dès que la ratification sera accordée, et acceptées toutes les obligations qu'il impose, il sera observé et exécuté exactement, loyalement, sans modification, altération ni interprétation aucune, contraires à l'esprit des stipulations qu'il renferme. Ainsi l'ont signé les contractants, en présence des témoins Barthélemi Lescano, don Manuel-Joseph Ruda et Ezequil Madeyro, que je garantis.

Par-devant moi Genaro Nibeyro, notaire public et du gouvernement.

Grégoire Valdès.
Dr Auguste Brougnes.

Témoins :

Barthélemi Lescano. — Joseph Ruda. —
Joseph Ezequil Madeyro.

10.

En vertu de la loi du 25 du courant, insérée en tête de cet acte, j'approuve le présent contrat et le ratifie dans toutes ses parties :

Jean Pujol.

STATUTS

DE L'ORGANISATION DES FINANCES ET DU CRÉDIT PUBLIC.

(Loi votée par le Congrès constituant en décembre 1853).

TITRE X.

DES PROPRIÉTÉS SOUTERRAINES OU MINES.

Art. 1er. — Jusqu'à ce que le Congrès édicte le code des mines, les ordonnances de Mexico seront en vigueur dans la Confédération, en tout ce qui ne déroge pas à la présente loi.

Art. 2. — Il est entendu par mine l'exploration du terrain par le moyen d'excavations superficielles ou souterraines, pour exploiter des pierres précieuses ou toute substance métallique ou minérale réductible en métal. Par conséquent, ne sont pas compris dans le mot mines : les carrières, salines, terres argileuses ou de couleur, pierres siliceuses, soufre, etc., etc.

Art. 3. — Les lavages d'or sont compris dans les mines et seront sujets aux mêmes règles.

Art. 4. — Chaque mine comprendra la superficie du terrain indiquée dans l'ordonnance.

Art. 5. — Toute personne ou association de personnes est apte à dénoncer et travailler les mines.

Art. 6. — Le nombre de propriétés contiguës ou séparées qu'une personne ou société peut posséder n'est pas limité; mais chacune des concessions aura son titre de propriété.

Art. 7. — Tout titre de propriété de mines doit être enregistré sur le registre des mines de l'administration correspondante de la Banque : les titres antérieurs à cette loi, dans le délai de 180 jours à compter du jour de l'établissement de la Banque, et ceux postérieurs, dans les 90 jours qui suivront l'obtention de la propriété de la mine.

Art. 8. — L'administration de la Banque ouvrira un registre de mines dans lequel on inscrira : le propriétaire, la classe du minéral, le lieu, le cours ou direction de la veine, la date du titre et celle de son enregistrement. On inscrira sur le titre une déclaration qui constatera qu'il a été enregistré à tel folio et telle date, et que la contribution indiquée dans l'article suivant a été payée.

Art. 9. — Toute mine avec travaux ou sans travaux, en exploitation ou non, pourvu qu'elle soit possédée, payera une contribution annuelle de 20 piastres (cent francs). Cette contribution devra se payer dans les trois premiers mois de l'année à compter de l'établissement de l'administration de la Banque, dans le bureau d'enregistrement des mines. Les titres de mines acquis pendant les 12 mois de l'année de la contribution payeront, au moment de l'enregistrement, les cent francs désignés, quelle que soit l'époque de l'année à laquelle ils s'enregistreront.

Art. 10. — Les propriétaires de mines qui ne payeront pas la contribution désignée 90 jours après l'époque désignée pour l'enregistrement et le payement, abandonnent par ce fait leur propriété, et elle pourra être dénoncée par un tiers dans les termes de l'ordonnance.

Art. 11. — Le titre de propriété d'une mine n'est pas valable, s'il n'a pas été enregistré, ou si la contribution n'a pas été payée.

LOI DU 1er DÉCEMBRE 1854,

DÉCLARANT LES MINES DE CHARBON COMPRISES DANS L'ARTICLE 1er DU TITRE X DES STATUTS DES FINANCES.

Art. 1er. — Les mines de charbon de terre sont comprises dans l'art. 1er du titre X des statuts des Finances et Crédit public.

Art. 2. — Il est dérogé à l'art. 2 du même titre, dans la partie en opposition à l'article antérieur.

DROITS D'EXPORTATION DES MÉTAUX PRÉCIEUX.

Art. 1er. — Les monnaies ou pièces d'argent ou d'or frappées ou battues dans la Confédération par l'administration des Finances et Crédit public sont libres de tout droit.

Art. 2. — Les monnaies ou espèces d'argent qui ne sont pas comprises dans le cas antérieur payeront deux pour cent, et celles d'or un pour cent.

Art. 5. — Les cuivres en barres payeront trois pour cent sur la valeur de cent francs les cent livres.

Art. 4. — Les cuivres et argent en minerais payeront quatre pour cent, l'évaluation sera faite par des essais ou d'autres moyens approuvés par le gouvernement.

(Statuts de Finances et Crédit public, titre XIV, chap. IV, Exportation.)

FIN.

TABLE DES MATIÈRES.

Pages.

Considérations géographiques. — Organisation politique de la Confédération. — Libre navigation des fleuves intérieurs. — Voies de communication; colonisation.   11
Productions minérales de la Confédération   36
Province de la Rioja   39
Province de Catamarca.   42
Province de Mendoza.   47
Province de Cordova.   50
Province de Tucuman.   54
Provinces de San-Luis et San-Juan.   56
Provinces de Salta et Jujuy.   59
Province d'Entre-Rios.   62

APPENDICE.

Constitution argentine.   65
Loi sur la capitale.   96
Traité de libre navigation. 100
Décret sur le tracé du chemin de fer du Rosario à Cordova. . . 105
Contrat de colonisation entre le gouvernement de Corrientes et M. Brougnes. 107
Lois sur les mines et droits d'exportation des métaux précieux. . 114

9 782329 023618